变现

职场掘金的精进之路
The Career Catapult

[美] 鲁帕·乌妮克里什楠　　著
Roopa Unnikrishnan

郑纪愿　　译

百花洲文艺出版社
BAIHUAZHOU LITERATURE AND ART PRESS

以此献给——

我的父亲，他的人生格局和职业道德已成为并将一直成为我
前进的关键动力；

我的母亲，她钢铁般的脊梁和意志，是支撑我前行的核心
力量；

斯瑞、德尔加以及克里什娜，他们是我每天快乐的源泉；

加拉尔叔叔，他带我领略了射击运动的特殊魅力；

TP和莱卡，他们如亲生父母一般照顾我；

我的兄弟姐妹们，他们教会我，要抬起头来，面对一切；

特别感谢印度企业家协会（TiE），感谢雷伊和史蒂夫，他们
对我的研究给予了莫大的支持。

引言　使我自由的骤变

我们所有人都处在一个瞬息万变的市场环境之中，个人职业的不确定性越来越显著。在职场的湍流中，稳步航行的旧式法则早已失效。正所谓"逆水行舟，不进则退"，大家拼了命去适应新环境，想方设法去精进自我，却发现根本无从下手，日复一日处在深深的焦虑之中，不知该如何跳出这负能量爆棚的圈子。

我曾经也经历过这样的状态，我想告诉你的是，只要你行动起来，一切都会有办法。

在本书中，我凭借丰富的职业生涯顾问经验，总结出了5项精进法则，以帮助那些内心富有激情却被现状所困的人，重新塑造自身优势，直面不确定的未来——无论当前处于何种职业或地位。这5项精进法则多次成功运用于世界500强企业，用好它们，不仅能帮助你达成工作上的目标，实现物质上的财务自由，更能填补你内心深处的精神空缺，获得心灵上的满足。

　　本书会引导你重新定义成功，帮助你抓住机遇，使你所追求的理想变为现实。很多人会怀疑自己的职业或者行业是否合适，他们或者对个人的工作内容、薪酬不满意，或者对自身表现不满意，或者听到了内心真正的呼唤却犹豫该不该迈出改变的第一步。通过这本书，大家能够更清晰地认清自我和环境的匹配度，从实现小目标开始，一步步掘金，直到走向人生的巅峰。

　　当你的职场轨迹趋于平缓甚至开始走下坡路时，你必须考虑做出改变了。我的5项精进法则之所以能够让大家打破现状，实现个人巨大飞跃，在商业和生活中获取真正的满足感，是因为其中存在着一项很关键的因素，我把它称为"封装的意外之喜"。一个人的机遇会不断出现，它们有些伪装成障碍物的样子，有些只发出微弱信号，有些则表现得非常明显。这本书将会教大家细致地识别和把握机遇，利用每一次环境变化，提升自我，实现目标。

　　多年以前，我开始探索内在的自己——思考到底是什么给我动力，促使我行动起来。这是一段关于我个人的故事，一段关于"封装的意外之喜"的故事，放在这里与大家分享。

13岁的时候，作为一个积极进取的典型印度中产阶级家庭里最小的孩子，我第一次思考我的人生：家里有3个小孩，母亲全职在家，父亲任职于印度一所警局，受人尊敬。某一天，父亲失联了。他的失踪对我的家庭造成了严重的打击。街坊邻居以为他因职务犯罪进了监狱，指指点点的眼光狠狠地刺痛了我的内心。生活一如往常地过，看似平静的日子掩藏了无尽的未知数。1987年某个星期五的早晨，我们全家被赶出公寓，我们失去了舒适的环境，失去了正常的生活，远离了预想的未来，而被迫进入一种黑暗的未知之中。尽管我的父亲当年又回到了我们身边，但在外人眼里，我们始终都该被谴责。我们不得不考虑和面对随之而来的无底黑洞。

作为一个一直蒙受庇护的13岁的孩子，我并不能一下子明白到底是什么事情改变了我家庭的境遇，但是我很敏锐地感受到，我们从过去的精英阶层一下子跌入社会的谷底。而我能想到的应对措施只有两个，要么蜷缩起来，等待一切坏的事情过去，要么找一个方法直面困境，与之狠狠地进行对抗。

蜷缩起来似乎是一个比较缓和的选项，但我选择了相反的方式。

我很小的时候就在步枪射击方面显现天赋，父亲也一直鼓励着我。在我的母亲、叔叔，以及我无比善良的射击教练的支持下，我参加了比赛——即便当时，我受到了公开的嘲笑和饱含敌意的诅咒。我就那样站着，那是我驱散恐惧和尴尬的方式。我对他们说："这就是我！我就在这里！我会颠覆你们对我的所有想法！"我下定决心，一定要在屈辱的包围中夺取胜利。

"每次都要从上一次射击练习中吸取经验教训，并持续下去。"这是我的射击教练经常说的，也是这项运动教给我的。在世界级的射击比赛中，你要在大约1小时15分钟的时间里，射出60枪。你的目标是射中靶标的中心——也就是10环。你需要瞄准，调整呼吸，计算风速和其他影响因素，然后扣动扳机，射出子弹，最后通过望远镜看看子弹落在哪里。如果你打中10环后过于兴奋的话，心跳就会加速，下一发很可能弄砸。而如果你在打得很糟糕后太过沮丧的话，下一发就无法专注。这也是瑜伽派①修行中"无执"②的最好体现。

我开始赢得比赛了，而且还赢了很多次。后来，我被提名为印度1999年射击类阿朱那体育大奖获得者（印度体育项目的最高荣誉）。1998年，我在英联邦运动会上获得了金牌，还打破了赛会纪录。看到关于我的头条报道——"鲁帕赢得了金牌！"，我意识到自己有能力创造未来，这是多么令人愉快的事！我尽可能地从上一次射击中学习，做好下一次的准备，评估我所面对的情况，然后坚持下去。

这就是让我自由的骤变。

感谢父亲的慧眼，是他在多年前——我11岁的时候，发现了我的运动天赋。这项运动促使我付出了连我自己都不知道我能够

---

① 瑜伽派：印度六派哲学之一，主张依据瑜伽修行以达到解脱的学派。——译者注

② 无执：不执着，心中无所挂碍。——译者注

做出的努力。

我也意识到了骤变的力量到底有多强大，我决定学习掌控那种力量。如此一来，我便不再是它的傀儡，受它摆布，我是骤变之力的主管人，驱动自己完成目标，实现自我。

这就是我所做的并且成功了的经历。作为罗德奖学金获得者、企业高级副总裁和常务董事、咨询公司创始人以及一对双胞胎的母亲，我取得了多重意义的个人成功，而它们也丰富了我的生活。我为世界做了一些善事，也收获了令人愉快的经历。在有需要的时候，我不断地学习，不断地重塑和精进自己，我相信，没有什么是做不到的。

多年来，我在不同组织中奔波，在不同大洲间来回，在不同国家和文化中穿梭，我持续利用环境变化给我带来的力量总结和归纳，最终将这个过程具体化为一套方法论——5项精进法则。它使我在必要的时候能够自我创造，应对自身的骤变，这也是我现在就想告诉你们的方法。

所有的这些都给我带来了什么呢？

在许多方面，我父亲的骤变，也是我的骤变，它给了我驱动的力量，让我迅速行动起来。当所有人都不再对我有所期待时，我必须自定标准，自设目标。我认识到，我可以也应该对自己尝试的事情承担风险。我的教练告诉我，永远不要让别人看到自己在哭。这句话使我专注，也让我获得了新生的力量。

后来，在一个慵懒的午后，我收获了意外之喜。那一天，父亲突然打开一本百科全书，让我看"塞西尔·罗德"的词条。他在殖民时期的探险故事并没有让我印象深刻，但是关于罗德奖学金的内容却深深地触动了我。当所有东西——无论是舒适的生活还是个人的荣誉都触不可及时，我决定为了这个极难实现的目标而努力。那个简短的午后阅读开启了我的新未来。

在那个决定性一天的14年后，我身在纽约。中间的这些年，我因突出的体育精神被授予印度总统勋章和阿朱那体育大奖，我也作为罗德奖学金获得者在牛津大学学习。在不断变化的人生道路中，我尝尽了人生百态。重新规划我的行业、城市以及工作伙伴是一种冒险；学会从任务驱动的心态，转换到更加注重工作平衡，是我自身成长的关键所在；在鸡尾酒会或者喝咖啡时与客户探讨新技术，是我利用碎片化时间获取灵感并训练技能的方式。在这本书里，我会将工作中积累的经验和教训全部与你分享。

当然，我也遇到过黑洞——使我退缩的因素。很长一段时间里，我与同事之间不断产生摩擦，而后我才真正了解，它与我的思维模式和工作方法并不相关，而是与我是否花时间用心和身边的人相处有关。认识我15年以上的同事会告诉你这是一种怎样的转变过程。我在工作的大多数时间里都表现得极具同理心。如果有什么特别的话，成为一名培训师，使我意识到我要了解别人的内在需求，而不仅仅与他们共事。这是一件简单的事情，但对于某个从小被众人疏远，只能依赖工作和个人努力而前行的人来说，是一项艰难的任务。15年来，我作为一名培训师，专注于帮助他人找寻属于他们的道路，而不是替他们思考或工作。这花了我一些时间，但它竟令我如此具有成就感！

骤变让我们前进的步伐暂时停住了，但是它也驱动我们走向另一条通向成功的道路。

那么，这是一本关于自我变现的书吗？

是的，它是一本关于个人怎样终结平庸、创新未来、实现梦想的书。

从约瑟夫·熊彼特的创新理论，认为自由市场是由持续创新和创造性颠覆推动的，到克莱顿·克里斯坦森运用颠覆性创新作为行动计划的观点，对于颠覆现状、创新未来——不管有无目的性、是否程序化、是否受控制，都具有长久而复杂的历史。21世纪的今天，关于颠覆创新的不同理论，在各个商业范畴内都发挥着作用，例如企业决策者们开发了许多新技术试图颠覆市场，其目的在于动摇现行的市场结构和价值体系，直到新技术取代旧技术，构建一个新的商业模式。这样，市场在前进，企业也在前进，从另一个角度来看，它也与个人相关，与你我相关。

我希望与你一同工作，帮助你推动个人生活的创新。但是，颠覆性创新不会奇迹般出现。它并不存在于某些公司文化里面，也不是由突然的灵感乍现而产生。足以引起某种职业、行业或人生发生骤变的创新，是由那些设立了一整套法则的公司和人所做出的。不管其法则是有意为之，还是纯属偶然，都足以使他们的创新基因延续下去。这些法则能够让他们打开眼界去认清周围形势，张开耳朵去接收周围信号，敞开思想去迎接内在可能，并且能够使他们不惧于任何尝试。这是促进创新的力量，也是我们生命中值得激励和强化的法则。

在个人层面上，每个人都需要不断更新自己的观念，以符合市场的变化，进一步推动社会的进步，从而反过来又重新构建对于自身的理解，形成一个积极良性的循环。

在战略意义上，这不仅能帮助个人实现职业的转变，而且能促使个人持续不断地自我精进。它不仅关乎工作与生活，还关乎身边的一切可能性。所以，一定要抓住那些偶然的机遇和顿悟，千万别让它们溜走了。用力捕捉那些可能出现在你眼前的机会，然后据此尝试做些事情。

这些法则的魔力在于——我们能据此形成习惯，并有计划性地去运用，其中有小部分法则关系到"封装的意外之喜"。我们就"创新主导型行为"这一话题对300位来自不同行业和领域的高管进行了调查，鉴于外界的相关调查鲜有个人和组织之间各要素的联系，我们特别探索了个人的创新如何转变他们对于世界、工作以及机遇的理解，这点反过来也会转换为他们自身的行动意愿。

规划个人职业生涯，与公司制定战略的意义是一样的。公司会始终保持对战略的重视，他们理解自己是谁，清楚自身的核心优势，也承认他们在产品、市场以及能力上与外界的差距。然后，他们对问题分别加以对待，找到解决差距的方法。但是，在许多情况下，最大的转变来自抓住转瞬即逝的机会。毕竟开发出新产品的关键，在于能够洞察到那些从未见过的事物的潜力。

就个人而言，以开放的姿态对待这些意外情况，会给当前的职业轨迹带来意想不到的变化。当然，它也会动摇职业的稳定状态，但这不一样。当周围的世界发生转变时，新的信息和新的伙伴会涌现出来，你可以充分运用这些法则，抓住出现在你面前的机会，这是你自己创造而来的，不要停止精进的步伐，学会控制意外情况，你想要的全部都会实现。

5项精进法则

要想顺利变轨到新的职业航道，需要快速、高效以及有目的地行动。我的5项精进法则的每一条都相互依存，助推个人驶上成功与梦想的快车道。读过这5项精进法则后，大家一定会极大地转变当下对职业的态度，以最快的速度，朝着目标前进。

精进法则1：认清自我，挖掘潜能

深入挖掘自身的职业技能，准确评估自我的市场价值，明确个人对于成功的定义和态度。

精进法则2：探索市场，借势出击

探索市场，了解市场的新兴趋势，通过追踪市场的创新热点及其趋势，弄清楚它们与你个人能力之间的连接点，借助新兴市场的巨大风口，实现自我。

精进法则3：维护人脉，瞄准贵人

当你同时向内向外进行探索的时候，利用好你的资源，包括能产生重大价值的人脉关系网，在你的发现的基础上进行维护和建设。

精进法则4：塑造模型，规划方案

在认清自身和市场趋势之后，展开你的想象力，规划你个人理想的蓝图，设计方案，将能想到的全部可能的情况，逐一进行尝试。寻找方法去适应新的角色——参加新行业的培训、加入创业团队等，看看这些新的领域会给你带来什么。

精进法则5：精益求精，追求极致

想清楚你要的未来，然后迈开自信的步伐，飞向你的未来吧！

怎样阅读这本书以取得最好效果？

创作这本书的动力来自我的同事和客户，他们挣扎于自己职业角色的限制和职业前景的渺茫，在职场打拼多年后，深感被时代抛弃。在后面的章节里，我会分享一些关于复合型角色的小例子，这些复合型角色的性别和行业都是虚构的，但是他们面临的职场环境具有现实普遍特性。我还分享了许多真实创业者的故事，在此非常感谢他们允许我这么做。

在本书的不同章节里，"调查一下"代表有趣的研究发现；"行动一下"提供实践的机会，大家可以根据相关信息，联系自身情况，安排每个阶段需要做出的动作。

你也可以通过工作表来辅助理解这些法则，登录http：//TheCareerCatapult.com这个网站即可下载。用好这些工作表，对个人职业的跃升有着非常大的帮助。

书里亦有许多有趣的模型，我建议大家在阅读时，顺手拿支铅笔，画一画写一写。

目录

CONTENTS

CHAPTER 1
打破现状，来一次震撼人心的骤变

骤变代表着机遇，拥抱变化才能有更多收获。想实现你的职业梦想，借助更多的资源，你才会走得更轻松、更顺畅。

这本书不关乎运气，而是能够帮助你充分利用世界赋予你的所有东西。

大家常会有这样的困扰：工作项目在很长的一段时间里没有进展；每天喊着要减肥瘦身却日渐丰腴；写了半年的手稿被扔在电脑硬盘里未完待续；看了一遍又一遍的出国旅行攻略静静地躺在收藏夹里……以上都是命运给你的警示，如果这些轻微的提醒不足以使你走出停滞的状态，那么你就需要来一次骤变了。

骤变，虽然会给你带来不安，但也会把你推向另一个极致，带给你意想不到的惊喜。骤变与深思熟虑后的调整有质的不同。调整，是微小的改变，它促使人们一步一步适应自己的工作和生活，而骤变，是一场巨大的风暴，它具有澄清、净化的作用，能让你的人生焕然一新。

我大胆猜测，你之所以拿起这本书，是因为你的工作黯淡无光，看不到令你兴奋的未来，你安安稳稳工作的背后，内心也有一种冲动去提升、去精进。

或许你得了"金笼子职业综合征"——虽然拿着高额的薪酬，但工作对你来说实在是枯燥无味。

或许你的职业晋升道路非常顺利——顺利到只需花费一半力气就能成功，但同时也意味着你的能力得不到更好的锻炼与提升。

或许你与许多同龄人一样，怀疑自己是否处在正确的岗位、组织或者行业中。你知道内心真正的意图在呼唤，你却接收不到信号，茫然无措。

或许你对当下的工作、薪酬和个人表现完全满意，但是，朋友，难道你不想开发自身的潜能，过上更好的生活，获取更大的满足，让人生更有意义吗？

无论是上述哪种情况，你都需要一次职业骤变。

我见证过很多人的职业骤变：一位急诊科医生突然变身为资助援非医疗队的企业家；一位衣着光鲜亮丽的律师突然变身为衣着随意的硅谷程序员……这些骤变不是从天而降的意外事件，而是主观上的有意为之。

在传统的思维模式里，我们总认为骤变是具有偶然性的，它发生在人们的意料之外，让人措手不及，而我们只有在回望过去的时候，才能理解它们。但是，你有没有想过，如果我们能够控制骤变，就像上述的那位急诊科医生和律师一样，会怎么样？如果我们能够提前设计好它的内容，对它提出指令，引导它发生，又会如何？你能像上述的人物一样实现自己的职业目标吗？你是否准备好迎接新的职业、成功瘦身、写完小说、来一次说走就走的旅行，摆脱那些柔性束缚，朝着预想的生活前进呢？我相信你的答案一定是肯定的。这就是本书想要传递的内容。

大多数情况下，市面上常见的职业生涯管理指南读起来像是勇士手册。它告诉你该怎样起草战斗计划、部署兵力，又应当如何冲锋陷阵、与敌人搏斗、占领山头。而所谓的敌人，正是你所渴望的最理想的工作。

与心爱的职业斗争丝毫没有意义，攻占山头是远远不够的，这座山只是起点与终点之间的某一个停驻处。你所要面对的与终点有关，也与走向终点的旅程有关。你必须日复一日地坚持下去，直到变成你想要成为以及能够成为的人。

创造骤变的机会，要从深入挖掘自我开始，了解自己是谁，以及可以成为谁。它首先要求你了解个人所处的大环境——经济环境、商业趋势以及你可以利用的资源等。创造骤变机会是一种充满想象力和智慧的行为，它必须经受现实的挑战和考验，因此我在大多数章节里都附了工作表，以帮助大家记录每一步行动，量化进展情况，使你能够亲自检查和分析自我，这对于整个过程来说非常重要。

你的职业能够通过各种各样的方式影响你的生活。如果你对自己的工作产生了怀疑，请立马动身去寻找答案。记住，你所做的一切都是为了实现最终的职业目标。

你准备好了吗？让我们开始吧。

现在，让我来介绍一下林赛——一位从任何标准来看都非常成功的职业女性。她是一家金融巨头公司的高管。尽管她是被动踏入这个行业，对金融一点都不感兴趣，但她对结果心存感激。

在她上大学的时候，她的父母要求她关注金融技术，毕业之后，她被一家银行录用，负责一个小型的金融营销项目。10余年后，林赛带领着她的团队，通过引进新的技术和平台极大地提升了公司的市场份额。她做得很成功，也取得了丰硕的回报——至少表现在个人财富累积上。

现在摆在她面前的现实是，一个奔四的女人，每天浑浑噩噩像梦游一样，她不希望自己一辈子都这样度过。当她审视自己时，她觉得自己拥有不错的技术能力，并能利用它取得事业上的成功——这种成功是接受了市场考验、被市场认可的个人价值。遗憾的是，她将自己所拥有的这种价值，"出卖"给了她并不关心的行业，尽管这份工作以丰厚的薪酬回报她，但是这种回报的代价，是她不得不放弃自己心爱的生活——环球旅行，放弃自己对于世界历史和全球美食的痴迷爱好。

某一天，林赛在整理公文包时，脑子里冒出了这样的念头：接下来的10年，我的工作能否在某种程度上服务于我心爱的东西，同时利用上自己的技能与特长呢？

当然可以！但是，要使之发生，林赛必须促使自己走出对职业的满足状态，除了关注金钱回报和工作意义，还需要拥有"掘金"的激情和执行力，绝不能仅仅停留在梦想之上。要做到这些，她必须关注那些能促使新行业出现的创新策略，并且有针对性地改变自己的常规职业轨迹。

骤　变

是的，骤变。

就像我上面提到的，这种骤变不关乎毁灭，而在于创造新的价值。

为了在个人层面上使之发生，个人需要改变的不是寻找新的技术，而是对自身专业能力和资源进行周密修补。其目的与企业家做战略决策是一样的：要想改变个人的发展道路，需要在这种改变发生之前就去做，避免因为周遭环境的快速变化而让我们失去了可控性。

骤变，对于当前的职业赛道而言，是一种颠覆性的地震，它打破了原有职业的稳定性，但是也能因此使之提升到新的层面上。这就是为何职业生涯的骤变是一件应当去做的事情——根据需要，尽可能推动职业向上发展。每一次骤变，我们能够重新认定个人能力、影响力、工作与生活的方式方法，以及个人的职业环境。

以上就是林赛所做的事情。相信你的内心一定有所触动，因为这也是你翻开这本书的原因。自我变现，听起来是如此令人亢奋，你准备好了吗？

调查一下

除了我的个人经历外，本书也受到客户工作的启发，参考了技术与商务创新等相关内容。

在进行本书的初始研究过程中，我开展了一项关于创新的市场调研，有300名包括大型企业CEO、小企业主、创业者、非营利性组织发起者、管理咨询师在内的管理工作者以及从事法律、销售、运营、财务等传统职业的人接受了我们的调研。我询问他们关于创新的想法、在公司的表现、是否自认为是创新者，以及他们所受的教育、所处的家庭和工作环境是怎样影响他们的创新和创造能力的。调研的结果富有洞见性，也与我工作多年所看到的东西一致。

一个关键发现是，创新并不源自一次幸运或自然的恩赐，相反，它是个人和企业持续追求的项目。相比于期盼"顿悟"降临，70%的调研对象说，他们的公司会不断审视环境以获取新的想法。与此相似，53%的调研对象认为他们的工作是为了激发人们的新思想，通过集中化的实践来培养创新能力。

另一个关键发现是，被调研的高管们对创新的定义并不一致，他们存在多种观点：23%的调研对象认为，创新是关于产品和服务的新突破；16%的人认为，创新是关于信息和商品的新共享方式；10%的人认为创新是为了调整当前的产品和服务；剩余51%的人认为创新是前述观点中两项或以上的结合。从这点我们可以看出，创新并不一定只是为了提供某种产品或服务，相反，它可能是几种概念及行为的结合体，而不是单一的物体或事件。

在总体样本中，我还研究了特殊的次级群组，想知道这些群组之间掩藏了何种特别的性质。正如创新的原始动力通常是新欲望一样，我们研究的这组对象，他们在创新中的主要角色是新思想的激发者（碰巧，这组调研对象拥有极强的求知欲、忍耐力和开放性）。他们通常将自己在创新中的角色视为与他人的共同作用——或者在工作小组中，或者在工作之外的交往，而不是靠自身独立完成。此外，他们还与一个较大的关系网保持着频繁的联系（59%的调研对象都拥有超过50人的关系网）。

我得出的结论如下：

创新并不是少数人拥有的内在特征。它是一种可通过不断训练而得以发展和提升的技能。

创新是错综复杂、不断演变的。它并非只关系到一件新事物，它可能是许多事物在某一时间点或某一段时间内的展示。

创新者本身并不是默默坐着等待灵感的到来。他们进行研究和思考，搜索世界范围内的新见解，同时他们与别人进行合作与交流，以进一步完善自己的观点。

瞬息万变的世界中如何进行职业生涯规划

看看你的周围，全球商业图景像过山车般跌宕起伏，有才能的人——那些你认为不会下岗的人，发现自己不止一次被打上了"冗余"或不必要的标签。旧式的、标准化的职业近乎消失殆尽，剩下的工种也变得极其严苛：工作时间长、强度大，工作角色相互交叉，工作、社会和个人的边界模糊不清。

我们知道，目前社会正处于一个前所未有的经济转型期，当我们以个人工作和生活的角度来看待转型时，我们会发现旧的规则已不再适用。是的，有段时间，"职业生涯规划"是以二维矩阵方式思考——时间在一轴，发展等级水平在另一轴，然后设定5年或10年的梯级目标去攀爬就行。然而，这种模式在今天已不再有效。

毕竟，僵化的等级制度越来越少。1970年，世界财富500强企业吸纳了全美国20%的雇员，而1996年该份额降到了8.5%。随着时代的变化，科技的进步和生产力的提升继续压缩着劳动力规模。大多数工种——并非只在美国，都只存在于小公司里，它们是典型的就业岗位孵化器。这种情况在当今推崇体制外的创新经济体中，表现得尤为明显。

同样地，个人取得成功的方式也发生了变化。当今，在那些更具成长性的部门中，成功不会自己来到等待它的人跟前，而是更青睐那些积极寻求所需的人，即使它们当前并不需要。成功会主动靠近这些人，他们通过参与、传播和交流事物的可能性来推动事项的完成。

关于骤变带来的令人疑惑的不稳定情况，其实也有其积极的一面。这也是激励大家创造骤变的原因之一。比起以往任何时候，在如今，每个想要寻找个人事业目标的人都有机会完全发现自己的先天才华，使自己更有把握地追求理想，专注财富累积和理想实现的双重目标，完成使命。可以明确的是，如果你想要抓住机会并保持活力的话，你需要重新思考，甚至重新定义职业生涯的整个过程。

停在原处不是一种选择，如果你停滞不前而别人往前发展，那你很快会被甩开距离。由此可见，维持职业生涯的稳定并非长久之道，这就是为何你应该把目标替换为颠覆你的工作模式——触发机遇，改变自己，朝着提升自身能力、开拓全新市场、改变成长方向而努力向前。

颠覆性创新被广泛应用于教育、医疗、环境、新闻，以及商务策略之中。而如今，它将服务于个人职业生涯，不论你是刚踏入职场准备改变职业方向，还是想加速实现个人目标。

对于"就是现在吗？"这个问题的回答，没有比当前更好的时机了。伸出手，抓住你想要的工作、生活和职场目标，用颠覆的方式实现它！

CHAPTER 2
认清自我，放大你的优势

你是最优秀的自己，每个人天生都具有自己独特的优势。认清自我，放大你的优势，你才能在残酷的竞争中胜出。

　　当林赛向我咨询她的职业发展之路时，她的第一个问题是："我该从哪里开始？"我给了她一个简单的回答——起步点在于自己。现在，我给你们的也是相同的答案——从你自身开始。

　　如果你追求的是一种使你满怀热情而又富有意义的职业和生活，你就需要明确其中"热情"的来源和"意义"的所指。在工作和生活的各方面，你会倾注热情的活动或环境是怎样的呢？同时，作为职业回报，你所追求的意义又是什么？你需要做出的回答，也是林赛要面对的——她以什么激励自己，她想得到什么样的生活，以及她的职业如何提升并支持她想要的生活？

　　这些都是深奥的问题，林赛需要深入挖掘自己的内心以做出回答，你们也一样。

　　当我与许多来自市场最前沿的企业创新者沟通时，他们展示出了很多重要技能和理念。那些能力是"认清自我，挖掘潜能"这条法则的体现。随着时间的推移，你要理解哪些能力你已经掌握了，如果没有，你需要知道是什么妨碍了你。我们将一起讨论，通过什么方法，你可以直面这些事实并开始为之工作。你可能永远都不能完全做到，但是，谁又能做到完美呢？这件事的目的在于，你知道你会付出什么，它在你面前呈现出什么样子，然后据此开始锻炼——这种锻炼将有助于你发展自身的能力并改善心态。

关于你自身的3个方面

古代哲人流传下来的关于自我的书卷可谓汗牛充栋。不过，商业时代提供了一种可操作的简易模型，让人们可以诚恳且直接地回答问题。任何准备接受变革的商业组织都必须经历这一过程。无论原定的变革目的是为了成长、扩张、品牌重塑，还是促进合同签订，组织都需要花时间去准确评估它是从何演变而来，并确保它有充足的资金来达成它所追求的变革。它会检查自身的核心竞争力，分析自身的收益与损失，以及评价自身的雇员基础和领导情况。这个过程既不简单，也不短暂。在过程中，它会引发大量的转换行为，而这些行为需要管理者组织雇员付出极大的努力。这种组织的自我意识转换是所有颠覆性变化的必要起始点。

个人的自我评估与商业组织的自我评估并没什么太大的区别。当组织列举自己的核心竞争力时，个人关注的是自我优势和自身所长；当组织分析收益与损失时，个人探索的是自身薄弱点；当组织检查是谁在工作以及谁在领导时，个人需要明确知道是谁在真正推动目标前进。你可以从以下3个方面评估自身，绘出你的自我意识图：核心能力、黑洞以及情感驱动。

调查一下

在我们的创新调研中，71%的调研对象认为，创新的点子之所以会产生，其关键作用在于，他们每个月至少一次花时间去反思自我的优势、弱势以及与目标的差距。

自我意识是取得职场成功的关键要素，大多数职场创新者都会努力提升和促进自我意识的开发。你上一次深入挖掘自身，并全面评估自己的核心能力、黑洞和情感驱动因素，是什么时候呢？

核心能力

对于一家公司来说，核心能力是指那种表现突出、占据大量市场份额的商业活动，这些活动对企业在市场中的竞争地位至关重要。对你来说，也是如此。你的核心能力是指能够以一贯高水准的能力履行的活动，它能使你在市场中保持竞争力。从市场角度来说，它们被认为是对你自身的重要定义。以林赛为例，她的核心能力在于她的执行力超强，不论项目或事务的规模、配置及目的——也就是说，如果你想确保任务完成，把它交给林赛就行，不管多复杂都没问题。

黑洞

商业组织会把它叫作"薄弱点"，我认为它是"黑洞"——

那些使你毫无征兆地消失于其中的工作或挑战。这些"黑洞"包括你的盲点、你偶尔做出的不良行为、那些触发你表现出最差品质的事情、那些使你退缩的行为，以及其他你不太擅长的方面。对于林赛而言，她不太擅长的是微观管理——她无法感知人的微观变化，尤其在她的领导们做决定的时候。她做不到一边与高层一起讨论公司战略方向，一边解决实际操作中的问题（尽管这些可以交给她的团队来完成）。

情感驱动

丹尼尔·平克在他2001年出版的作品《驱动力》中提出，金钱和其他外部激励并不能激发高水平的表现和满意度，而深切的内心需求则能够指引我们的生活，促使我们学习和创造新事物。实际上，一些研究表明，非金钱的激励对思想的塑造和情感的传递，能获得单纯金钱激励的双倍以上的回报。与此高度一致的是，真正的情感驱动在我们自身，并且同外部物质层面可测量一样，内部满意度也是如此。知道自己的情感驱动是什么，才能真正驱动你前进。在林赛的例子中，她的情感驱动因素是她对于旅行和各种美食的热爱。

那么，我们该如何评估这3个关键要素呢？第一，你需要知道别人怎么看你——他们如何看待你的优点和缺点，他们认为是什么驱动你的行为；第二，你需要弄清楚自己如何看待自己；第三，将两者的意见合二为一，看看差异在哪儿，它们如何产生，以及这些差异会带来怎样的转机。

别人如何看待你

要想回答这个问题，首先你必须清楚，"别人"是谁。诚然，你一定会接触到各种具有挑战性的团队，他们会对你的印象做出广泛且深刻的描述。当你与受访者讨论时，记录下他们的回答，弄清他们是如何看待你的。

试着考虑以下可能的受访者类型：

· 曾有机会与你一同工作，或者了解你工作行为的主管和领导。这些人具有组织或团队视野，他们能以自上而下的视角更透彻地告诉你，你是如何被看待的，尤其是关于你是否把事情做好了，以及你是否表现出与职位要求相匹配的技能和精神状态。

· 与你合作过或者你需要花时间与之进行工作相关事项交流的同行。同行与你的交往一般更加纯粹，他们不会对浅资历同事行使威权，也没有你和高层主管交流的距离感和规范性。同行具有相近的心态，能关注和判断你的合作特点，以及你解决问题的方法。他们通常具有相似的获取信息的水平，可以判断你是否具有公司和行业的敏感度。

· 支持你或者在你管辖的项目中工作的团队成员。他们的关注点很明确：过去你是怎样帮助他们成长的？有没有支持他们的想法？是否帮助他们达成最好的结果？是否使用多种特权以使团队的工作便于管理？

· 理解公司文化并且了解你在公司影响力的人。他们能帮助你了解你对于组织的非正式影响力：你是否被视为一个好队员——将最好的自己带入工作以帮助企业提升的人？

行动一下：收集反馈意见

在列出的采访名单中，你会对谁进行一次360度的访谈呢？在访谈中，你会提出一系列问题，并花时间捕捉受访者所说的所有信息。其中，你需要考虑到有些内容与隐私相关，需要保密。如果你处于一个乐于反馈的环境中，那么你只需组织一次集体访谈，即可得到所有反馈；如果你处于一个不那么坦率的组织里，那么你就要考虑将访谈设置为一种集体讨论，将讨论主题聚焦于你个人发展的努力之上。你可以说，你正在为自己制订一个专业的计划，因为重视他们的意见，所以想让他们在一些关键领域分享自身的想法。

无论你如何组织每次的访谈，你都要提前知道你想从中获得什么。它会指引你到达自己想要去探索的大致区域，而它的基础是那些在生活和职场中做出变革的创新者们所总结出的方式。

你可以尝试讨论以下问题：

关于你的能力和黑洞：

企业主风险偏好：基于你们一起做的工作，他们会怎样描述你的管理方法以及与你共同做项目时的感受？举例来说，他们何时发现你对公司的主张是有帮助的？他们是否把你描述为外部专注型？你对于顾客、股东和其他人（比如监管者）的想法在何处发挥了实用性？

你是一个天才吸附体吗？你做了什么来吸引外部市场的新人才？在组织内你能做什么来构建自己的声望和影响力，使得人们想要与你工作，或者为你工作？

你的创新方向：你是否经常否定常规方案与习惯性方法，以建设性意见挑战商业行动的转换型机遇？是否多次表现出期待创造性策略，以应对转换过程中的商业模式？

决策：当管理层的决定很艰难时，他们是否会考虑请你来做参谋？为什么？他们会怎么描述你：中立性专家、思虑周到的策略家、头脑风暴型伙伴，还是其他类型？

开放性：对待别人的见解，你被视为反思型还是接受型？你是否积极寻求反馈？他们怎么描述你对他们和他们的工作所产生的影响？他们能否分享一些在处理棘手问题时你作为模范角色的案例？

在开始时，一定要确保讨论落实于实际的工作中，并且尽可能多地与你访谈的对象分享具体的项目或工作中产生的问题。事物是怎样起作用的？什么事情本来能够做得不一样？你可以或多或少做些什么？你应该停止做什么？

林赛把这个过程叫作她的"倾听之旅"。她做了一个清单，列出了她的上司、下属和平级的同事。对于一些人，她展开正式而明确的访谈；对于另一些人，她通过聊天来了解他人对她的看法。

访谈结果组成了一份让她并不愉快的自我发现。林赛认识到，虽然人们认可她推进项目完成的能力，也认为她有能力去掌控事情，但她的同行却认为她在一定程度上是靠不住的，认为她是个"两面"的人。此外，她的团队成员们也并不十分确信她是否会一直支持他们。

倾听的过程很艰难。林赛觉得自己被蒙蔽了。她没有料到，别人眼中的她竟然是这样的，在感到沮丧之余，她准备放弃剩下的自我评价。但我提醒她，这就是她必须去面对和学习的，也许它听起来很难让人接受，但了解它是有好处的。

他人的印象该如何与自我感觉保持一致呢？林赛与我一起，开始坐下来谋划。其间，我们存在很多分歧。林赛关注的是别人指望她做的事情。为了"把事情做对"，她在调整方向和策略时表现出了很强的灵活性，时常根据上级指令变更计划。对于那些需要奋力工作以跟上步伐的团队成员来说，这看起来就对他们很不公平，而对于她的上级来说，她表现得对自己不太自信。总之，关于她的能力大家众说纷纭。

是时候做一下严肃的内省了。林赛听到的东西使她惊讶，也打开了她的眼界，她开始意识到自己以前并没有抓住真正的问题——准确来说，是她的需求使得事情正确地发展，但她的行动受限于别人设置的明确界限之内，比如父母要求她关注金融学及数学，她就去学父母想让她学的。她个人生活和职业被限制在别人设定的框架里面，这对于她职业价值的实现而言，并不是好的选择。

现在，她必须直面360度访谈里对话者们的观点，不断重复直至描绘出她的自我意识图。

自我意识图

相比于意识到自己的想法，人类更可能不大会意识到自己是谁。举例来说，在一项研究中，超过90%的驾驶员认为"自己比一般人开车技术好"。但经过数理统计分析后，结论却完全不是这样。这表明，人们对于什么是"一般人之上"的驾驶技术，以及对于自我的认知都是有限的。但是，当你需要使现有生活和职业由一种发展阶段转向另一种的时候，怎样排布三大关键区域的自我意识就变得非常重要。

所以，从现在起，开始深入挖掘自己吧，参考你的受访者给你的答案，描绘出这些核心能力——它们会给出有效的方法让你转变职业生涯，填补或者避开黑洞，提供助你向前的情感驱动力。

示例：林赛的自我意识图

核心能力	情感驱动
优势 · 项目管理	A. 旅行
	B. 美食/高级餐饮
才能 · 技术能力	C. 历史
其他技能 · 能随时调整计划，适应性强	……

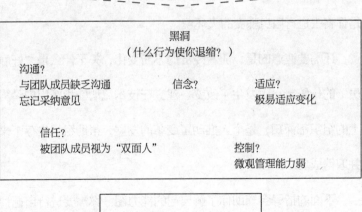

黑洞
（什么行为使你退缩？）

沟通？
与团队成员缺乏沟通　　　　　　信念？　　　　　适应？
忘记采纳意见　　　　　　　　　　　　　　　　　极易适应变化

　信任？
　被团队成员视为"双面人"　　　　　　控制？
　　　　　　　　　　　　　　　　　　微观管理能力弱

可能性
（如果可以，你会怎样联结你的能力和情感？）

· 在旅游或休闲行业的公司找一份新工作
· 为富人开发一款食物管理应用软件
· 新建一个网站来记录国外大厨的日常

1. 核心能力

在市场竞争中非常重要的核心能力，即那些会激发创新和改变的能力，尤其需要磨炼。当你阅读本书时，你需要特别关注随时出现的职业机遇，这些机遇会指引你转变未来的职业生涯，也是你将去进行自身骤变的大环境。

还需要注意的是，随着经济的不断变化，关于什么是"好雇员"的传统定义也发生了改变。建立在技术流动性和新用户趋势上的组织都深知，是个人推动了变革的发展，帮助组织生存下来并取得成功。

下面的指导会辅助你了解自己的能力图。你需要进行自己评估。请使用工作表记录下面这些问题的答案：

- 技术能力

- 企业主风险偏好

- 个人职责

- 人才吸引力

- 创新方向

- 决策与判断力

- 变革方向

- 个人成长与发展方向

- 个人可靠性与成熟性

2. 黑洞

我们都遇见过极其能干的人停滞不前或失败的例子。通常情况下，导致内部崩溃的行为在他们自己身上是看不到的，或者说他们不允许自己表现出来。

评估你自身的黑洞是所有自我意识练习中最难的部分，但是也是最重要的部分。在我几十年的工作和研究生涯中，我发现，有五类行为如果得不到正当处理，可能会导致危险，这五类行为包括沟通、信念、适应、信任以及控制。怎样管理这些行为？怎样与相关的人互动？外人会怎样理解你这些问题？你该如何跳出包围圈，远离让你难以脱身的陷阱？这儿有一份检查清单，可供你评估个人黑洞。

① 沟通

与人沟通时，你是干脆利落，还是强势夺人？在任何组织里，不管它规模如何，与人沟通都是必要的工作任务，同时也是一份责任。那么，干脆利落或者强势夺人的沟通方式各自意味着什么呢？

如果你想被理解，干脆利落是必要的。你可以这样做：首先，将一系列观点按照逻辑次序排列组合，其次每次只表达一种观点，让你的倾听者花点时间去吸收和消化这一种观点，接着再转向其他观点上。

这也要求你能够清晰地阐述自己的观点。漫无目的的沟通会使你失去听众，同时，人们也需要知道，如果他们花费精力听你说事情，他们应该期待什么。你是否为了帮助他人的理解而画过详细的指示图？你是否检查确认过他们理解了你的意思？请记住，并不是每个人都具有和你一样的经历和思维方式，所以他们可能不懂你在说什么，如有必要，你应该停下来，进行重复叙述和论证。

你怎样进行干脆利落的沟通呢？

同样地，如果你想要说服对方，强势沟通也很必要。这种沟通，需要你一开始就使用沟通对象的语言来表达。你的倾听者需要以一种与自己相关的方式去理解你所表达的信息。当然了，你可以编造一些奇闻逸事来证明你的观点——销售团队经常使用这种方法，但你必须快速掠过奇闻逸事而直达沟通的重点事项。换言之，快速到达要点，尤其当你在向投资人、战略领导者或总裁做报告时。

最后，当你与人沟通时，是否意识到你可能会激发自身或听众的情绪呢？或许你所挑战的是你的听众们认真部署的计划，触及了他人的利益；或者你激发出了超越自身的新思想，随时准备反驳潜在的反对意见。当你感受到情绪或你身边的情感热度发生转变时，引导它们朝着你想要的方向行进，是强势型沟通的一个关键因素。

你怎样进行强势夺人的沟通呢？

② 信念

你是否信任你所做的和所提倡的事情，同时有勇气支撑自己的信念？

举例来说，假设你认为自己是公司里真正代表顾客需求和意愿的人，你相信，通过提倡那些意愿和需求，你可以推进创新，阻止巨大的浪费，同时获得顾客的感激，那么你会怎样支撑自己的主张？你在多大程度上会愿意这么做？

事实表明，无论是工作还是生活，只要你相信一件事情会发生，它就会进行得非常顺利。当你选择这么做的时候，你也会愿意极力维护自己的信念，不是吗？

③ 适应

你具有多强的适应能力呢？在当今的商业环境下，抵制变革是明显的职业终结点。不愿学习新技能和新行为，象征着不愿意投入组织的改善之中。当然，我并不认为每次发生的变革都是好的，如果你认为某条建议应该被否决，那你一定要说出这么做的原因——只要你确保自己确实理解了对方所述的建议内涵。

当然，适应性是对自身强硬品质的一种衡量。回想一下你的访谈，是否有人反馈说你是抵制变革的人？你可能认为自己是深思熟虑和实事求是，但最后你却发现，原来自己被别人视为古板固执。那么，请用另一种眼光审视一下自己，看看那种理解方式是否具有可取之处。

④ 信任

你在访谈时，是否获取这样一些意见：认为你过分专注于自己，只注重自我提升，或者太在乎得到别人的好评？换而言之，别人是否不能完全信任你？

我们知道，有些著名的管理者在公共场合下认同每个人的观点，但是一旦回到私人场合就只会按照自己的方式来说话做事；某些人会对已经确认的策略、决定或承诺食言，但是在遇到看起来对己有利的事情上，会再次做出承诺。你觉得这样的行为恰当吗？

在对环境做出重新思考、重新评估，以及改变既定的方向时，都需要运用智慧，但是，这里有清晰的界线，而且它还或多或少涉及承诺问题。它们有些是策略性行为，有些则是源自不信任——这也是别人对林赛的看法。

在信任问题上，你持何种立场呢？

⑤ 控制

一切安排有序，从阴暗的角度来看，被认为是要控制所有事情。把事情安排得井然有序、知道所有东西的位置、了解所有人的工作情况，对你而言，是工作能力强的一种表现，但是在其他人眼里，你可能变身成了一个极端的控制狂。

比如说保罗，他认为自己在力图避免风险以超越绩效目标，但是对团队其他人而言，他好像在故意且不合时宜地缩小他们的职责范围以达到控制的目的。你是否控制得太多或太严，没在一个合理的水平上委派职责或做决定？如果是这样，你就必须反思，为什么会出现这种情况。深入挖掘，思考别人的表现，思考当下的环境，以及使你坚持要控制的内心需求。

要怎样才能放松控制呢？如果你不能确定你平常委派的人的能力，那么你也许要用更干脆和强势的话语来与他们分享你的期望。当你打算与他们一起提升水平时，你可能要在他们的工作中充当教员或导师，提供指导。

如果对风险的担忧使你变成控制狂的话，你可以将项目缩小一些，使其更加易于管理，同时减少风险的发生。你可以与团队成员分享你的忧虑，这样他们就能理解你做出控制的决定。

另外，控制也可能源自你自身的心理需求。你是否感觉像处于显微镜之下？你是否是基于过往的经验来决定当下的行动？你有没有尝试一下抛开这些旧的记忆？或者，你能否与你的团队分享它们，让他们帮你减轻忧虑？

在控制问题上，你持何种立场呢？

3. 情感驱动

要知道，使自己获得激励以实现目标是一门艺术，也是一门科学。你可以用技术的精度来设定目标，但是要让自己坚持下去并实现目标，哪怕不提超越目标，也是一件复杂的事情。

所以，对于能够激励你的情感驱动力的评估，你需要关注两方面：由物质奖励带来的外部激励，以及由自我成就感带来的内部激励——特别在以令人难以置信的方式完成超难度工作后更是如此。

某种程度上，情感驱动使自我意识练习中的问题简单化了。什么能使你兴奋起来？如果遇到阻碍，什么可使你保持进取？我们知道哪些人会因为他们的产品或服务对顾客产生影响而感到兴奋，哪些人会因为工作本身的性质而受到激励，哪些人梦想着把今天的边缘产品变成明天的重磅产品。明确在此范畴内你的切合点是非常重要的。

有研究表明，基于自己做事的乐趣，你可以提升自己的内在激励机制，逐步提升回报，它会满足你的内在需求。知道这些回报是怎样为你工作的，能使你保持专注。实际上，你可以通过保持投入并追踪那些回报来增强自身的工作激情。

你也应该意识到激励你的外在因素是什么——是你的组织或单位为你的工作提供的回报，比如意外收获的奖金、高销售额提成、职位提升、超大办公室或新的头衔等。无论它是什么，或者是多种因素的混合，你都要清楚什么对你有用，以及各种因素对你个人而言有多重要。

最后，设想一下成功的样子。这么做对于持续激励是非常重要的。请记住，你的目标是可实现的，并且，你要预习胜利的感觉。这就是能够帮到你的练习。

激情图示

激情可以成为结果产生的不可思议的推动因素。它被定义为一种强烈的情感，一种强有力的热情，或者想要什么东西的欲望。它常常具有传染性——如果你拥有激情，你会常常展示出眼光的闪烁和声音的急切，这容易让周围的人支持你的努力。你可能已经知道是什么推动着你前行。还是以林赛为例，她喜欢烹饪以及一切与食物相关的事情。知道自己的激情所在，能够帮助她找到职业和工作中的内在激励。那么，你的激情在哪里呢？

1. 列举使你兴奋的活动或爱好

这里有使你增加动力的方法，当然，你也可以用自己的方法追踪点燃自身激情的因素。

A. 唤起年轻的心

在威廉·华兹华斯的诗歌《彩虹》中，作者描述了自己如何被童年经历深深地影响。结尾处，他写道："孩子，是人们的父亲。"在许多方面，这是一个有用的启示。回想一下，你在孩提时代最喜欢的活动是什么？我承认，我曾经是个"怪胎"，我会在明媚的夏日午后在图书馆随手拿一本百科全书，翻到任意一页，然后沉浸在"伤寒"或"博茨瓦纳"的词条里。书上的文字和新的知识是我生活的重心。随着时间的推移，出于自身兴趣的写作逐渐被抛诸一旁，但是我有幸重拾了这份爱好。

另外，你在放松和娱乐时喜欢做什么呢？当你的日程排得不太满的时候，你又会做什么？你会读什么书，看什么电视节目？重新做你儿时喜欢的活动，你还有感觉吗？它是否具有了成人模式？

所有这些活动都为你提供了寻找激情的线索。它们能否结合在一起，融入你的生活呢？它们又是否可以指向一种新的职业选择呢？

B.当你"长大了"，你想成为什么样的人？

小时候，我们讨论榜样角色，想象着自己会成为心中的偶像并超越他们。回想一下，你曾经渴望成为什么人呢？我小时候常去探访我的朋友雪莉·鲁宾，她是美国纽约鲁宾艺术博物馆的联合创始人与联合主席，也是一叶草艺术基金会的创始人与主席。我告诉她长大后我想成为她那样的人。我的意思是什么呢？当时在我面前的是一位很早就从事艺术工作，能勇敢做出个人决定，把她的后半生慷慨贡献给社会活动，以兴趣引导和联结着影响者，并一直指导着他们的大名人。我知道其中所需的艰辛，也知道那些激励着她的社会活动的深度参与感——这对于我所做的一切都很关键。

你小时候想成为什么样的人呢？你可以列出来并深入研究一下你钦佩的这些人，看看他们的哪些品质能激起你的热情。

花点时间去理解他们是怎样转变的。与他们交流，在网络上搜索他们的信息，阅读他们做过的访谈，设身处地去理解他们成功之路上的步伐，是此种经历具有的乐趣之一。

C. 你的"脑虫"是什么？

你知道那些拒绝离你而去的曲调，即"耳虫"吗？它很恼人。早晨醒来，你会哼唱它，晚上洗澡时你还会唱这个曲调。

你会发现，成功人士会设置一些问题使自己保持前进的状态：人们是否会花钱与我一同前往尚未到过的地方？汽车自动驾驶是否比人类驾驶更好？幸福的人能否成为更好的员工？公司是否会为幸福买单？

回想并记下所有在你脑中打转的那些问题，使你获得激情的秘诀也许就藏于其中。

D. 当你处于"心流"状态时，你在做什么？

1990年，心理学家米哈里·契克森米哈赖在他的作品《心流：最优体验心理学》里面写到了"心流"的概念。他调查过艺术家，也研究过其他行业中的许多人，当他们处于"心流"状态时极其投入也极其幸福——他们如此沉浸于这种状态，似乎没有其他可在乎的事情。在现实中，这种情况很常见，比如，体育运动中的"巅峰状态"。在我参加的那些射击比赛中，当所有事情都发生的时候，我几乎不需要有意识地做任何事，行为和结果都是自动发生的。

"心流"的观点在许多宗教和历史运动中得到过体现。佛教和印度教中有种状态叫作"无为而为"，这听起来就很像"心流"。

你是否记得，当你受到鼓舞的时候，事情似乎变得容易，能自动完成？

你什么时候最兴高采烈、幸福快乐？

请记下来，里面有线索。

2. 现在，在图上标出你的激情所在

你该怎样利用它们为你的掘金之路创造一个可行的工作设想呢？用清晰的视野去看待你所有的激情，并在专业框架下，根据它们的价值将之分级。

我们提出以下问题：它是否真实？我们可否实现？它是否值得？

企业会使用它们去评估商业潜力和创新组合中暴露的风险，而我们可以利用它们去检验自己的激情点。

所以，你要问自己：

真正的激情——我的激情是否存在可能的用处？我能否用它做些什么，比如产品设计服务或者咨询服务？

获胜的激情——如果我牢牢抓住了这份激情带来的机会，我是否有时间和能力在所做的事情上取得胜利？

值得的激情——这份激情需要付出什么？它是否值得？

这些就是在与林赛交流时，她需要进行思考的问题。

为什么情感驱动力很重要？在下面的章节，我会开始规划建立情感驱动的方式，让它们对激发未来职业机会变得切实可行。

如何面对认清自己带来的负面情绪

认清自己简单吗？不！尽管看清你现在身处何处，是推动你职业生涯向前、向上发展的实质性的第一步，但它也可能会发展成为——就像林赛所面临的那样——一个艰难甚至令人沮丧的事情。

一方面，专业人士很可能陷入一系列关于自身和他们所带来价值的遐想之中。抛开这些遐想，用客观的眼光看待他们是不舒服的，里面可能涉及你并没有准备好去关注的话题。就像商业组织一样，当它开始进行变革、成长或扩张之前，需要诚实地分析自身的地位和资源，这也是你需要面对的严苛问题。只有这样，你才能改变自己的生活，同时，给你改变的信心和勇气。

对自己诚实，即便过程很痛苦，也是你必须要面对的，因为这是你在自我评价中所追求的。识别并理解你在三方面的能力分布——核心能力、黑洞和情感驱动，是定义你自己的关键。你当下的身份是推动你职业生涯向前、向上发展的出发点。如果对自己不诚实，必然会对你和你的职业造成伤害，你职业生涯转变的工作也必然无法完成。

要求你的同事、朋友、伙伴和团队成员回答你提出的难以作答的问题是不容易的，他们可能一开始就惊诧于这些问题。所以要记住，他们同样欣赏你要求他们诚实作答的态度。这也是为什么提出特殊的问题如此重要，而不是模棱两可地问："那么，现在我该怎么办？"明确的、严谨的问题对于你的受访者来说更易于回答，而且只有这些问题才能提供给你想要的结果。

当然，你可以提出任意的问题，你也需要仔细倾听你的受访者所说的话，确保你不是在等着该自己说话的时候才开口，不然你无法从他们的回答中受益。

去证实你认为自己听到的话。人们会感激被给予的机会去证实自己所说的话，尤其是即兴所说。这对于你规划自身的转变非常有利，你能知道他们把什么看作你的优势、动机和黑洞。这样，你就不是基于错误的信息在做计划。随着你进步成为专业人士，你可能会产生膨胀，认为自己已经熟悉了专业技术，知晓了市场价值——这是一种时常会萦绕在你左右的自满思想，你应当时时自检。

坐下来内省从不是一件简单的事。它取决于你认为自己知道关于自身的什么，以及你从别人那里听到什么——即别人对你的看法。请记住那些使你惊讶的瞬间：开会时你的主张并没有获得领导们太多的支持；你的团队成员似乎并不理解你所开展的项目。你现在拥有的这些信息是否开始解释了已经发生的一些事情？

与这种潜在的、令人痛苦的自我评估练习相关的好消息是，人们可以因此做出改变。实际上，人们也一直在这么做。经过数十年形成的个性或性格类型，可以成为团队之间或与个人进行交流的一种有用的标志，这是一个起点，从这里开始，你可以改变自己的成长和职业发展轨迹。

与此同时，新兴的神经可塑性领域研究显示，就像所有的肌肉一样，人类的大脑——你所有行为背后的力量，是能够通过训练进化和成长的。一个简单又突出的例子来自对伦敦出租车司机的研究。该项研究显示，他们的海马体——大脑中负责空间记忆任务的部分，明显比那些公共汽车司机的海马体要大。原因是什么呢？伦敦出租车司机要求记住有25000条街道和成千上万地名的城市地图，而公共汽车司机一般每天都沿着同一路线开车。出租车司机依赖大脑中的海马体，能够在伦敦街道的迷宫中自动导航，把乘客送到他们想去的地方。对于任何成年人，我们都可以确定，通过努力是能够获得新技能的，努力可以使深入挖掘自身变得更加容易。

现在，让你的自我意识图开始工作

不要停留在做评估上面。当你找到你想要改变的关于你自身的东西后，那就开始行动吧。让自我意识鼓舞你，让鼓舞激发行动。根据你在访谈中听到的和你从中领会的意义，朝着目标努力改变吧。

对于你需要做的事，你必须拥有绝对的控制权。先设定一个目标，将你接收到的后续任务数减为你委派任务数的一半，怎么样？对于每个项目，强迫自己寻找到能够承担部分任务的伙伴。是的，一开始会很难，但是这样对发展你带团队的能力非常有帮助。你可以决定一次只走一步，建立一些所谓的安全领域，但你要尽可能地走出安全领域，去突破，去改变。

　　记录下你在目标之路上取得的所有进步，在每月度、每季度、每年度进行总结，保证它们在你心里处于头等地位。这种自我监督机制能帮你形成自身行为，变成你工作和生活的常规方式。

　　最后，保持灵活性，不要害怕提升你的思维高度和改变你的惯性行为。

CHAPTER 3
把握趋势，找准适合自己的赛道

把握趋势，可以让你在自己前进的道路上更省力，站在风口上，可以让你少奋斗20年，加油吧！

　　如果改变的时间是现在，那么改变的空间在哪里？在考虑如何发展自己喜欢的职业生涯时，你会从哪里开始呢？毕竟，当今行业的生命周期近乎与果蝇的寿命一样短暂。还有人在影像店租电影碟片吗？还有打字员吗？说不定，在不久的将来，我可能会问你，是否还收看有线电视？面对这些行业，人们的职业生涯发展路径会发生什么变化呢？

　　我们深刻的经济转型意味着商业运动狂飙突进。如果你无法确定在完成职业转变时你所计划的行业是否还存在，那你这场职业变身计划很可能会落空。跟上时代步伐是一项严肃而艰难的挑战。

当今的趋势

我们要区分时尚和趋势。可以这么说，时尚风靡一时，而后渐渐退散，而趋势开始如涟漪轻漾，而后如潮流涌动；时尚不值得浪费时间去追求，而趋势是当你在寻找未来职业生涯方向时，必须要关注的东西，如果可能的话，尽早赶上它们。

为了发现它们，你需要关注那些在生活各方面都显著出现的变化。还记得你第一次发Twitter（推特，一家美国社交网络及微博客服务的网站）消息与他人分享美食的时刻吗？还记得你意识到这些社交活动会成为一种变革力量与机遇的时候吗？也许，有人需要经历"阿拉伯之春"这种运动才能看到社交平台的力量，但是有些人和公司已经学会通过操纵社交媒体来为他们赚取利益。所以，请放开眼界，确认没有故步自封，而是注意到了当下变化的趋势。

调查一下

我们对300位管理工作者的调研结果显示，大多数人认为与团队一起工作对于创新的构思和实施很重要，但是有40%的人更偏向个人能力的发挥，他们大多负责这两项特殊的任务——识别并理解趋势的微弱信号。

　　尽管为团队工作留有空间，但是个人似乎为早期灵感的诞生做出了更大的贡献——他们看见了新事物的出现，并理解了它的含义。

　　本章展示了我对现今社会一些趋势的个人见解，当然，它们只是一个引子，希望可以帮助你更敏感地发现周围显现的趋势。

　　尽管趋势可以明确你个人职业生涯的环境，但是没有任何书籍会为你指明必然出现的特定趋势。在这本书里，我能做的和将做的是指出那些我认为会产生的新趋势方向，有些可能是完完全全的新事物。我把这些想法列了一个清单，放在本章的结尾。

　　我们继续来讲一讲发生在林赛身上的故事。

　　林赛利用我的5项精进法则完成了她的职业骤变并给她的人生带去了好运。她通过改变自己看待工作、生活和周围环境的方式，完成了个人重塑，包括挖掘个人潜力、收集信息与资源、进行实战与调整等，成功跃升到了新的职业轨迹之中，完成了个人理想的变现。

试试下面列举的这些方法，你也可以像她一样成功。

· 就像我在上一章提到的，我们可以从深入挖掘自身潜力开始，重新审视自己的技能和资源，客观评估自我价值，同时明确自身对于成功的定义及衡量进步的标准。

· 然后，去探索能够让你发挥自身价值的环境，这可以通过追踪市场的创新项目和凸显的行业趋势来找寻。在本章结尾处我列了10条行业潮流清单，希望对你有所启示。

· 5项精进法则中未提及的部分，会在接下来的几章里详细说明，比如你需要盘活你的人脉网络——不仅仅指能推动你重大价值实现的合伙人和熟人网络，还包括你从个人内省到追踪外在市场行情变化中了解到的信息和观点。

· 为自己塑造可能的模型，然后进行试验。挑战你所能想到的所有事情，通过现实的"绞肉机"去检验它，确保你没有漏掉什么，以及确保你所想的都是可行的。

· 追求极致。在试验中检验最终的结果并跨越出去，追求更高更远的理想。你想要的未来对于现在的你来说是否有途径实现？如果你的答案是肯定的，那就说明一切准备就绪。别犹豫，开始你的飞跃吧！摆脱今天的职业束缚，勇敢地飞向美好的未来！

林赛知道她的市场价值是她的竞争力。不论项目是什么，她都能完成。但她对自身的工作角色不感兴趣，即便在不同的商业组织里。她对自己的生活有全新的憧憬，这是一种由激情引导的憧憬。她决定寻找一种新的环境和职业角色，满足她一想起来就激情高涨的两项爱好：旅行和美食。

林赛开始研究和探索"从农场到餐桌"中显现的趋势和创新点、行政总厨和家庭主厨的延伸角色、旅行的各色衍生品如旅行烹饪和旅行写作，以及像TripAdvisor（全球领先的旅游网站）那样吸引游客去寻找新体验的各类旅行网站和应用软件。她与世界上任何愿意倾听她的人谈论旅行和美食，也倾听所有人对它们的谈论。这是一个非常耗时间的过程，林赛愿意花时间去做，她把这看作自己对未来的一种投资。

最终，她发现了一种实现梦想的可能性，那就是，先专注于财富，让自己拥有一笔启动资金，然后推广旅行项目，使其被消费者熟知。可怎么能给消费者提供极有新意的东西呢，尤其在市场上旅行和烹饪已经被其他公司占领了很大份额之时？要做定制旅行或者定制大餐吗？

等等，她是在跟人开玩笑吗？她想清楚了吗？她的技能是否确实依赖于此？她是否有能力完成创新业务？她能否转变大企业的工作思维？她的人脉圈是否足以提供支持？

林赛怀疑过自己的想法——从上到下、从左到右各个方向都怀疑过。但是她适应了下来。她反复思量该想法，通过现实情况和实践检验，把它简化为3种可能性：第一，一种简单的变化——成为旅游或美食行业工作人员而悄然进入其中，不论身居行业的媒体部门还是统筹部门；第二，为设想的目标专门开发一款应用，然后卖给像TripAdvisor这样的公司；第三，设计自己的网站，以行政总厨引领的境外旅行为特色来吸引大众。

她通过各种各样的方式试探每一种可能性：她尝试应聘旅游发布集团和旅行代理公司的职位，发现这两个行业正在缩减开支，并且一片混乱；她模拟了一款能够提供她想要的服务的应用软件；她也联系了一些行政总厨探讨网站建设的可能性。所有这些事情都有赞成者也有反对者，总之，各有利弊。

经历过各种尝试之后，是时候让她做出最终决定了。哪种骤变会让林赛满怀激情去实现，并投入必要的资金和其他东西呢？

林赛找来一个合伙人帮助融资，而她设计的应用软件能使用户获得特别的文化和美食体验——世界上任何一个旅游城市都可以。同时，她仍待在自己银行的工作岗位上，似乎是一个旅游市场的局外人。

林赛说："这是第一次改变，而且也仅仅是一次很小的改变。"不过，这次小小的改变令她无比兴奋，这对于她未来的职业变轨起着非常关键的作用，对她后来成功打响自己的品牌，完成职业生涯的转变打下了非常好的基础。在这个意义上，改变的规模并不重要，"小"的改变也足以使林赛感觉到心潮澎湃，迈入生活的新地域。

后面，我们会继续关注她。但是现在，是时候回归怎样创造属于你自己的骤变了，让我们一次一个步骤地进行下去！

行动一下：成为探查趋势的黑豹

探查趋势在于关注、等待和有目的地追踪趋势。趋势预示着事物正在发展或改变的大致方向。保持对趋势的超强意识，能让你在改变发生或成为常态时，不会太过惊讶。

一旦你意识到自己热衷的目标，那就去你周围的空间内搜集信息并追踪趋势吧。想知悉所有的事物是不可能的，但是你可以去关注周围适合你职业发展的趋势，不管是与人交谈、读报纸、逛街，你都可以辨别趋势。如果你无法参加行业会议，那你也可以在触手可及的范围内查查日程表，看看会议讨论议题来推测行业趋势。

趋势通常是以下驱动力的结合：

· 时刻处在演变或开发中的技术，无论是纳米技术这一类的硬科技，还是人工智能这样的软科技，都属此类。

· 推动创新者使用新技术去满足人类或消费者的需求，比如，人们对淡水的需求，或者对商品物美价廉的渴望。

· 技术和需求促成了新的世俗观点，比如，当人们不再排斥用海水作为饮用水来源时，很多投资人投资了脱盐植物。

仔细观察这三项因素——技术、需求以及世俗观点的重要转变，可以让我们发现那些看似边缘的时尚变成了真正的趋势。

1. 关注细节：360度观察

捕猎时的黑豹会不断注视着猎物，用它宽阔的视野去捕捉尽可能多的细节。

在抵达商业世界或商业主流之前，趋势可能会消失于街市、商场和你身边的咖啡馆。成功的创新者能够解码这些趋势，洞察出存在于我们身边的实在的东西——一种商品或时尚。

在足球场上，你会听到教练告诉孩子们要时刻转头看看。这不仅仅是要看球，还要注意看球场上发生的其他事情，包括对手和队友，不断关注出现的赢球机会，或者怎样把球踢向有更大效果的地方。

与此相似，不管你在哪儿——比如说，在会议上、公园里或者影院里，你都该问你自己：这里发生了什么？看到新的广告了吗？人们是否在用不同的方式打发时间和花钱？周围的语言是否在转变？年轻人在干什么？

利用好你的旅行。为什么呢？我记得我在欧洲看见过带芯片的信用卡，而这发生在美国出现芯片信用卡的6年之前。账单支付方式的改变让我们看到账务就在身边发生，极大提高了支付的安全性，也改变了人与支付系统的交互速度。

2. 深度阅读，广度阅读，周边阅读

花时间使自己专注于一个主题，选择一系列图书进行深度阅读。在我构思这本书的早期，我在旅行时读书，格雷戈里·伯恩

斯的《艾客》和加布里埃拉·科尔曼的《黑客、骗子、告密者、间谍：无名氏的诸多面孔》，都提到了引人入胜的精神模型以及由精神定位引导的行动。

此外，每天优先安排一次广泛的阅读。如果你只是翻翻报纸，那就花时间从前往后略读，标记并联结起经济力量、社会活动、技术以及政治行动是如何相互配合和相互促进的。别忘了，还要进行周边阅读。运用社交媒体工具，并考虑使用Google Trends（谷歌推出的一款基于搜索日志分析的应用产品）来捕捉和探索社会趋势，或者使用BuzzFeed这种新闻聚合网站，发现网络最主要的迷因[①]。

3. 问问你的黑豹同伴

与别人保持良好的关系也很必要，创造一个合适的圈子是要

[①] 迷因一词是由理查德·道金斯于1976年在《自私的基因》一书中所创造，他将文化传承的过程，以生物学中的演化规则来做模拟，类似于生物的遗传物质——基因，迷因是文化的"遗传物质"，是文化传承中最小的单位，在演化中也会有复制（模仿）、变异与选择的过程。——译者注

求之一。查看一下你在LinkedIn（领英，全球职业社交网站）和Twitter的关注者，同时找一些信誉良好的专家，关注他们聪明、可靠、有价值的观点。浏览博客来验证你正在关注的趋势，总会有人为你所感兴趣的东西而着迷。当然，也要保持选择性，过滤嘈杂之音。最重要的是，别忘了你的竞争者和合作者，他们可能也在关注那些会影响你行业而又隐匿在有趣的凹槽和缝隙里的趋势。

4. 加入行动：离开你的舒适区

迈开步子去接触趋势的引领者，看看他们在做什么。趋势的引领者通常大胆且敢于尝试，思维不受限制，为了创新性的见解而互相竞争。因为学术科目不断融合，影响者也是如此。媒体大亨、时尚达人以及科学家合群而出，交往甚密。他们是有高度时尚感和前卫性的社交群体。如果可以，每年都应安排一次及以上的交流会议，并且不要仅仅满足于日常的讨论——要找到创新者们谈论的根本问题。

离开你的舒适区，你会比在惯常的行业区域学到更多。

5. 记录你的灵感

勤做笔记。努力抓住众人乐于付费解决的问题，或者开发新市场，形成新行为或建立新系统。不要心急，对流行保持观望，过滤一时的潮流，构思事物发展规律，分析趋势是如何流行起来的，使真正的改变发生。如果你在一家公司工作，想试着发展新客户，那就与你的队员或竞争者分享你的故事，看看他们是否可以帮你投资或解决方案的开发。要不然，你只能独立去规划和实施。

请记住，不要期盼你的灵感会瞬间出现。追踪会给你带来灵感的事物，一旦你开始关注能影响你职业生涯的趋势时，问问自己以下问题：为什么它具有相关性？它是如何与职业理想相关联的？有了这些想法后，接下来要做什么？

大趋势：未来值得考虑的十大行业

零售——零售是生活中无处不在的力量，不管它是不是你当前职业的背景，它的绝对的流行性使得它在广阔的市场中处于领头羊的位置。这就使得"零售"值得探讨，不管在它自身层面还是作为一种重要的预测机制——预测市场可能很快会迎来什么，这对于你自身的工作更具有特殊性。

随着对客户体验越来越重视，追踪零售趋势是现在商业关注的热点。无论是线下实体店，还是线上销售都旨在追求财富。在当下，网购成为零售业主流渠道的时代，零售意味着即便人们在吃饭的时候想起来要买个东西，也可以立即放下碗筷拿起手机，在网上进行搜索研究，周末有时间去实体店看看实物，体验一下真实的触感。当然，这并不意味着店铺是最终的购置点。人们还会接着在网络上做各种价格比较，可能会在睡觉前下单，也可能不下单就这么忘了。

有研究显示，68%的人最终放弃了网上购物车中的商品，其中25%的被调查顾客说是因为网站导航太复杂了。创造一个具有黏性和生产性的在线体验并不是一项简单的任务，所以作为一种附属物，面对可渗透性的顾客体验，零售市场需要以其自身的方式做出转变。

特别地，发现趋势更多是靠讲故事，而不是商品售卖。这并不是一种原始观点。露华浓公司的创始人查尔斯·雷弗森在一个世纪以前就说过："在工厂里，我们制造化妆品；而在店铺里，我们出售希望。"这句话很有意义。我记得在21世纪的第一个周末，我在纽约，当我伫立在萨克斯第五大道精品店正前面的展示窗前被一片林地包围时，我的幻想立即在我脑中编织了一个故事。是的，当时在展示窗里卖的是晚礼服、鞋子和手包，但是它们从窗户之间散发出奢侈、信心和权势的附属气息。

今日的零售商能接触到顾客行为数据——通过信息记录程序和移动接入点，他们可以通过信息操纵进行有效的市场细分，开发特异性片段，并且细节化故事情节因素。适时地，他们也许能够把每个故事情节个性化处理。本质上，故事的核心固定于零售商能提供给顾客的价值上。

　　优衣库是我最喜欢举的一个零售商的例子，它使上述那些可能性具体化，并不断获取与其自身有差异的故事情节。进入优衣库的纽约旗舰店，你能看到很多嵌入式触摸屏，而每处触摸屏都在提醒你，这里全是时尚而便宜的衣服，外套都是由高创新性纤维做成的。这种高科技体验，并没有用大量颜色和空间去强调，而是把重心放在人机交互上，顾客只需在触摸屏上点击鼠标或者滑动几下，就能看到想要的颜色或者款式，而店员会通过相连接的手持掌上电脑，告诉你试衣效果或者你心仪衣物的摆放位置。

　　再举个其他的例子——苹果公司的"天才吧"。在这里，备受关注的问题解决者首先强调技术，然后才是顾客。他们把令人厌倦的远程黑莓系统，转换成令人惊叹的奢侈品领导者，使用社交媒体去完成聚焦于千万以上Facebook用户的一流在线体验。总体上，通过讲述故事来弥补顾客体验的不足，始终是广阔的零售市场中不断持续的工作，这也使得该行业成为一个值得你关注的职业骤变领域。

教育——我所理解的教育包含任何年龄段的能力提升，为了一系列学习环境的变化而寻求正确的工作模式。一个很好的例子就是MOOC——即大规模在线开放课程，作为一种重新定义信息和专业技术知识获取的方式，它高调而起，而后静静沉寂下去。

但是解决之道仍然存在，并且其意图是妙不可言的。想象一下，一个聪明的印度农村小男孩，向来自加利福尼亚的一位大学教授学习，然后与一位来自德国的同等天分的学生一起做研究。或者考虑一下这种技术的商业潜力，我们能够通过学习技术不断提升工人的水平，并且使他们在任何市场变化和技术更新的时候保持镇定。所有这些都使得教育被人们特别关注。

视觉化沟通——两者合二为一，构成即将以前所未有的方式爆发的新领域。一项为期10年跨越全美国的网络研究显示，在最早的人类聚集处——最富裕和最发达的地方，照相机是人们最常用来搜索信息的工具。现在，各种类型的摄影工具都在微型化和集成化，我们有了头盔式照相机、警用录像仪、无人机，以及其他更多的设备，这些设备提供了一系列即时录像和传输的交互方式。这也使得该范畴成为值得你未来关注的重点领域。

家庭智能管理——当下智能手机和平板电脑在音乐、照明、控温和加锁方面的应用已经非常成熟，我们完全可以利用这些技术将家庭智能管理的水平提升到新的地步。所以，我们可以多多关注基于家庭智能管理的应用，包括能源和安全等方面的新兴趋势。

云计算——这项新科技在中小型企业的运行管理上发挥着重要的作用。云计算的诞生让小企业数量大大提升。当一个小型组织能够利用云计算大数据接触到与大企业同样的财务系统、顾客关系管理系统以及沟通系统时，新的可能性就出现了。所以，要保持对云计算这一新技术趋势的关注。

游牧经济——要保持对游牧经济的关注。在美国，有越来越多的人一边谈论在大企业里全职工作的经历，一边从事着自由职业，他们在两者之间做着生活方式的选择。2013年，纽约联储任命自由职业者联盟的创始人和执行总监萨拉·霍洛维茨为其董事会主席——这是对占据美国职业三分之一的"自由职业者"所扮演角色的明确认可。他们可能会给自己组建一个新的市场。

创业生态系统——天才型选手们倾向于掌握相关领域其他专业的基础知识。对他们来说，那些地方只是开始。联合国教科文组织网络观测站是一个超过200名记者、科学家和学者的圈子，他们在全球各地发掘互联网和数字技术方面有突出创新精神的人。从2008年起，该组织已经在社会上找到了100名在工作上具有显著变化的创业者，创业生态系统使这些创新想法变成了可能。

共享经济——无论如何，一定要关注共享经济，以及它所代表的整个世界。虽然，共享早已成为经济的一部分（还记得图书馆借书吗），互联网技术的融入使共享经济对人类生活产生了重大影响。一个明显的例子就是共享单车和共享汽车等新事物扎堆出现——这是点对点单车或汽车租赁系统，可允许你租用公共的资源。在市场统筹安放不在运行状态的单车或汽车资源是一项可获得持续报酬的新型共享经济商业模式。有趣的是，其中一家汽车租赁服务网站RelayRides并没有任何存货，它能通过自我管理系统进行供需调节，利用增加服务器的方式轻松实现地理意义上的扩展，允许用户群体通过网站的信誉管理部进行质量控制。这是一种很好的工作模式，它强调这一现实——比之于产品本身，人们可能对产品的应用更感兴趣。这确实是一种需要关注的趋势。

移动接口与大数据的交叉是另一范畴，这类新兴趋势可能会改变你的工作环境。第三世界和第四世界的新兴市场，必将成为其先导。它们在传媒业或银行业等关键领域扩展移动设备的接入，从而成为移动服务的创新者。由于智能手机越来越普遍，移动接口和大数据的结合意味着一系列新的可能。美国一份研究表明，用户在电脑端的上网时间持续稳定下降，而通过手机上网的时间则不断增加。对于可以监控自身客户行为和偏好的商业系统来说，移动接口和大数据的交叉意味着它们不仅要做更智能的操作决定，同时也要创新。美国科技公司Uber就利用这一技术即时调整定价方式，通过动态定价方法，在需求增加时，把车子派给出价最高的顾客。这是一种新的商业模式，也是需要大家关注的新领域。

最后，关注**健康领域**的趋势。这个领域在我写作的当下正在快速转型。我们都见过"身体糖果"——一种不同以往的可穿戴技术，它连接了远程医疗，可以实时监控你的健康状况。我们见过使用不同的手持设备来记录健康状况，比如骨诱导助听器（即通过头骨震动来使声音传导到内耳的仪器），同时还要关注像MiSeq这样的初创医疗公司，它们使小型组织和个人都可以接触基因组测序。进行远程外科手术的电影科幻视觉场景令人惊叹，但是把医疗服务从主要医疗中心扩展到难以触及的、偏远的农村地区，是目前最现实的需要。这才是真正的转型。

行动一下：追踪趋势

定期通过训练来推动你进行思考，确保你对趋势的观察更加具体和准确。

你可以运用一些公司可能会用到的情景规划来进行分析练习，当然，要转换成更个人的角度来看待。

1. 保持实质性趋势的记录，剪贴、收藏相关文章或者有趣的趋势。什么事情能激发你的兴趣？什么数据是你应该记住的？表面上反常的事物何时能变成趋势？你都应该关注并记录下来。

2. 设计"新世界"。考虑与你相关的，或者符合你的热情与兴趣范畴的趋势。

3. 评估趋势。你是否相信它们会长久地停留？你会怎样衡量这些趋势或者评估其规模？换句话说，你会如何衡量这些趋势带来的可观察到的影响？举例来说，如果"农场到餐桌"真正发生了，它会为当地农场带来何种收益？

在林赛的例子中，她知道，美食家们会在体验上花费更多，并且高端的旅游定制也正在变为现实。探索全球旅游并拟定花费计划是她的部分运用。

现在请你描述一下你设想的情形，看看它对你的意义在哪里。在林赛的例子中，你也许会认为如下故事是可能的。随着美国人从电视节目和旅行中习得越来越多的美食和烹饪方面的知识技能，他们开始去餐馆寻找名厨和外来菜品。此外，市场上出现很多旅游策划，有的是为摄影师特别设计的游历项目，有的是围绕热闹的商业中心开发的新式旅行，还有许多旅行机构开始设计红酒和奶酪之旅。设计并推出高端美食旅行的回报是相当诱人的！林赛验证过这个观点：客户都会使用应用软件来搜索，并且优秀的旅行策划是一项可持续的商务项目。

现在，轮到你了，试着回答以下几个问题。

· 识别出可以采用的，并且能够在这个新世界中获得成功的特别行动。

· 我会怎样适应这种趋势或情形？

· 我如何在这个市场中获益（金钱、社会影响等）？

· 我需要什么样的人来协助我走向成功（导师、领队、伙伴、雇员等）？

· 我需要开发其他什么样的可能性，以在这些趋势下或这个新世界中优化资本？

· 在这个新世界中，我如何筹集经费？

· 我需要停止何种活动，以使自己取得成功？

CHAPTER 4
借助人脉和资源，让你的事业乘风破浪

你的人脉，你的资源，是你最大的资本。冷落了这些人脉和资源，是你最大的损失。激活你的人脉和资源吧！

当我第一次遇见詹姆斯时，我对他的商务名片印象颇深，对他脸上的谜之表情也十分疑惑。两者明显不相匹配。名片显示他是一家公司的高管，但是他握手和说"你好"的特殊方式，又表现得像一个麻烦的家伙。在谈了十来分钟后，我知道了原因。詹姆斯的怪异表情来自他所面对的压力——他清楚地知道压力背后的现实，但是在面对它们时，他并没有尽全力。在他一路升迁的过程中，詹姆斯的表现都是优秀且令人满意的，但他感觉现在走到末路了。

詹姆斯为一家国际零售巨头企业服务了20年，最初是一名电力工程师。他通过一步步提升走到了今天，深受领导和同事的喜爱。尽管他的管理知识有所不足，但每个人都知道，是他成功地带领公司渡过多次重大危机。当新任总裁接手公司时，詹姆斯一下子就得到了领导赏识，这一点也不奇怪。他被推选为公司最大和发展最快部门的领导人，服务于全球高端客户。换句话说，他被交付了一项引领未来的未知的大型业务——这是一项远离他舒适区的工作，他以前只用把控流程并按规范行事就行了。

但不可否认，这是个美差——一个人人都想要的美差，詹姆斯也知道这点。同时，他也明白，这项任命是公司对他的信任。现在，他会与那些有权有势的客户交往。一开始，他认为一台运转良好的商业机器只需巧手轻推，就能顺利把事办成，但没花多久他就发现，他的技能不足以推动他的部门走得更远更快。在进入新角色6个月后，他开始感受到了压力。他的老板希望看到他开除部门里无生产力的员工，加快新技术与新应用的周转速度，持续不断吸引新的客户。但是，当他处理由效率低下的员工和错误的商业行为而惹起的麻烦时，他却瞻前顾后。他一边要花很长时间处理客户投诉，一边还要说服管理层，让他们相信自己适合这个领导角色。詹姆斯花了很长时间叙述他怪异表情的由来，而这也促使他想要过来找我帮忙。

开始的时候，我们会讨论并明确什么起作用，什么不起作用，然后深入分析其原因。当我们拆解情况时，詹姆斯看到，对于他的部门，他缺乏创新视野，观点很狭隘。他的团队干活自觉又高效，对此他很满意，从来不特意去参加可能使他能力得到提升的公司活动。他还倾向于避开那些他不熟悉的领域，从有限的追随者里选出自己的工作团队，其中许多人从没在任何其他公司里工作过，他们和詹姆斯一样，对管理知识知之甚少。最重要的是，詹姆斯继续像电力工程师一样思考和谈论问题——只关注于机器原理本身，而不去看未来。这就是他所呈现的样子。

詹姆斯意识到，他需要对自身的发展做些新的投资，以培养岗位所需的创新视野。建设关系网是詹姆斯最先要进行的自我投资内容。

詹姆斯与他的助理在一年里规划了6次会议，尽管会议预算提升了，但是这让詹姆斯系统地收集到了会议中所有他见过的大人物的名片，也积累了会议中行业大牛们的见解。过去，詹姆斯的精神高度集中于商务推销，而现在，他把重心放在寻人上面。他积极地寻求3种类型的人物：按照自己对行业的思考而打乱计划的暴发户、在专业知识和谱系上看起来不像他自己的人，以及那些会定期倡导新思想的领袖们。在这过程中，詹姆斯变成了一个倾听者和授权者——生活充满了各种可能，不是按部就班就能做好的。

在当今的商业环境下，我们不可以低估职场关系网对一个人职业生涯的影响。职场关系网是一系列关系的组合，而不是交易组合，那些关系可能会对未来产生决定性的作用，尤其在你做重大选择，采取大胆行动，或者试图转入一条新轨道的时候。当你与其他人一起工作时，通过变换角色和身份——有时是上下级，有时是客户关系，有时是协作者，与他们发展真正的互惠关系。而将来，你不知道你会遇见谁，需要展现何种态势，所以你需要将这些职场关系长久保持。它可以让你们一方或双方获益，这又不是按照分钟计费，为何不做呢？

通过前两章的学习，你勤勉地规划了自己的优势、兴趣、激情和盲点，承认有些事情做起来比别人容易，有些盲点必须去攻克，你也探索了可能会对你的兴趣领域产生影响的创新趋势，那么，在本章里，我会帮你建设一张强大的职场关系网，就像那些成功的颠覆者们都拥有的那种。好的职场关系网能让你凸显优势、消减盲点、增强激情，像飞翼下的风，助推着你的飞跃。对于某些人，建设关系网比较困难，但它是一种可以通过花费时间来学习和提升的技能。

在接下来的文章中，我们将讨论：

1. 评估你的职场关系网状态；

2. 挖掘当前已对你形成影响的关系资源；

3. 维护人脉，扩大你的圈子影响力；

4. 瞄准贵人，掌控你的职场关系网；

5. 最后，以客观的身份，主动介入你的关系网。利用当前的真实角色，客观地思考和设计一种实现目标的新方式。

调查一下

我在市场调研中发现，35%的管理工作者把职场关系网的建立当作首要任务，只有18%的人认为完全不需要建设关系网。

你的职场关系是你前进路上重要的一环。思考一下你的目标和你认识的人。你是否认识在你的兴趣领域拥有专业知识的人呢？如果没有，是否认识能引荐专家给你的朋友呢？你上一次与专业人士联系是什么时候呢？

1.评估你的职场关系网状态

好的，亲爱的读者们，请拿出你们的笔，跟我做个简单的调查。这些小问题的目的在于帮你形成有趣的见解。自问一下，在你的关系网中，你属于哪一种类别？关系是牢靠的还是微弱的？看看表格4.1，在这里深入挖掘自身，标记下最能够反映你和你想要建设的关系网的方法。

2.挖掘当前已对你形成影响的关系资源

现在，你要做的是努力使自己对关系网建设敏感化，为你将来关系网的建立提供标杆。这一步关系到如何绘制你当前的关系网。我曾经将自己在LinkedIn上的所有联系人绘制成一份可视化地图，你也可以这样，只需拿张纸，将你接触最多的人写出来，标记出他们的专业领域，以及他们对你个人成长能提供何种支持。

当我整理自己的LinkedIn联系人时，我使用了绘制思维导图的方法，画出来的图像看起来像五颜六色的花朵。这些联系人信息聚集成簇，形成4朵花。一朵是粉色的，呈现的大致是组织的专家和顾问；然后橙色的花是企业的高管组；第三朵是蓝色的，显示的是银行组；最后是深橘黄色的，我的记者朋友们。实际上，如果我决定成为医疗创业公司的天使投资人，我将会有25位专家可供咨询，以获取我所需要的验证主张的各种建议。明白我的意思了吗？你的关系网告诉了你什么呢？

如果你想描绘你的关系网，这里有一个可取的方法。利用表格4.1所列的你对于自身工作的想法，认真考虑一下你所知道的那些人。这并不是一个判断性的练习。每个在你关系网里的人都是珍贵的，但是其中有些人会成为你骤变时的冒险，而有些人会一直支持你，为你叫好。在骤变的过程中，你应该知道关注的方向在哪里！

表格4.1　你的关系网建设方法

牢靠	适中	微弱
内部工作		
·你在工作上与很多人保持着友好的关系，比如，你们既喜欢讨论与工作相关的议题，也会讨论与工作不相关的共同兴趣。 ·你们互相之间都知道彼此工作以外的私人生活。 ·你们互相支持，你的同事希望你取得好的结果，认为你一直乐于助人、可信赖、有能力，你对他们也这么认为。 ·你认识很多可以打电话请教工作事宜或为解决问题寻求帮助的人。 ·你的关系网拓展到了组织内的大多数领域中。	·你在工作上有一些可以谈论共同兴趣和分享工作以外私人生活信息的人。 ·在工作中，大多数沟通是围绕手头的业务。 ·尽管你对一起工作的人很友好，但与别人的关系却并不积极，有些同事可能认为你不好合作或不可信赖。 ·在你当前的工作组之外，你拥有一些可以打电话请教工作或为解决问题寻求帮助的人，但是，仍然有许多领域存在盲区。	·几乎所有工作上的交谈都是关于业务的。 ·你们几乎不谈论私人生活和工作之外的活动。 ·你也许会喜欢你的同事，但是你对他们知之甚少。 ·当你必须要与别人近距离一起工作时，交往常常变得很困难，频繁发生争论和分歧。 ·在你当前的工作组之外，你很少认识，也很少接触别人，你不清楚在这些领域你可以找谁帮忙。

续表

外部工作		
·你确信与那些能把你带到新领域或给你带来新思想的人至少有一项不与工作相关的外部接触活动——早餐、午餐、下午茶、喝咖啡等。 ·你一直把关系网的建设放在优先位置。你经常问候别人，与他们分享相关的文章或有趣的信息，而且在纪念日或节假日也祝福他们。 ·你每天都会上网，要么转发你所关注的微博，要么在朋友圈上发布消息。你对于在你周围发生的事情了如指掌。 ·你知道在你所处的空间内都有哪些人。这种理解力会助你提升和优化关系网的建设。 ·你找到了一种方法，每周至少花一小时思考你所处的行业。它可能具有很多种形式，从会议演说到撰写参加行业活动的简报，等等。	·你试着规划关系网建设的日程，但是当面临压力时，你就找理由待在手头工作中或者回家。关系网建设往往排到了后面。 ·你与别人保持联系，但只是在你面对职业生涯的转变或需要建议时才去接触他们。 ·你有在社交网络上注册个人账号，但是你不积极使用它们。更多的，你是一位旁观者，而不是参与者。 ·你对公司和周围人的想法有一些感觉，但是没有花时间去理解那些年轻的、有影响力的新人。 ·你是行业优秀组织内的成员，但是经常没时间也没花精力去参加活动或出席论坛。	·你是团队里唯一不愿意弥补资源匮乏的人。你认为提升内在就会取得成功，不需要外部的关系网。 ·你知道一些关键的关系网建设方法是什么，但是只在需要新工作时才想着去获取它们。 ·你认为网上的人脉建设是在浪费时间。 ·如果需要，你会为了一个具体的、与工作相关的理由，来指出谁在你的行业内是重要的。 ·你知道一些行业组织的存在，但是你从不了解它们有什么活动。你经常问团队能为你做什么，而不是考虑你能为团队做什么。

3. 维护人脉，扩大你的圈子影响力

你的关系网（表格4.1）看起来怎么样？如果表格中你大多标示在最左边一栏（即牢靠），恭喜你，非常棒！如果你做的标示贯穿各栏，那么意味着你有更好的表现区域，你可以关注左边栏目里的信息，建立一条简短的清单。

关系网建设一方面需要保持显著的个人多样性，另一方面也需要建立在共同的价值观基础上。正是共同的价值观才使得大家能够一起快速地或者在需要做出艰难决定的棘手形势下，使完成任务成为可能。

你该与什么样的人建立联系？

在我的观点中，此问题需遵循两条基本标准：

第一，要有专业知识——也就是说，我们要找精专于某个行业或领域，并对其拥有独特见解的人。这些人通常更倾向于表现出协商性，而不是规定性，他们会采取迭代的方法解决问题。可能他们具有好奇心，怀疑会存在更好的解决方法。你可以利用那种好奇心来使他们与你协作。当然，这种专业知识并不总是外显

的，诀窍是让你的眼睛和耳朵都对你周围的组织和社交圈子保持

开放性，如此一来你就可以识别出具有专业知识的人，然后联系

他们。

第二条标准我称之为"机场测试"。那就是，晚上9点了，

表格4.2　詹姆斯的优先联系人

能力/行业	你的行动	举例：詹姆斯的例子
能提供专业知识的专家团队。	加入并学习。	詹姆斯公司的CEO会给出"登月计划"般的任务并给予专业指导，所以，他选择加入公司。
能提供背景和联系方式的接头人。	理解他们的关注点，建立真正的信任。	詹姆斯遇到一位博物馆董事会主席，然后马上被引荐进入一个高管圈子，他们都很乐于指导詹姆斯。
不清楚他们的价值是什么。	加入他们并理解他们的价值。	詹姆斯知道，消费者管理部门的同事有他的个人资料，他选择关注他们，从而更积极地去做事情。
低价值关系网。	保持联系。	詹姆斯优先选择了他的校友圈子，即使他们今天并不直接相关，他也知道保持联系所产生的影响力可能对他和同学们来说具有更长远的价值。

你在一个离家百万英里远的机场，试图赶上第二天的重要会议。天上疯狂下雪，航班都被取消了，你唯一的伙伴是企业公关部的同事，你的老板认为他/她也应该去参会。如果你的飞机被取消，而你和这位同事必须坐同一辆出租车去机场酒店，一起用餐，可能还在酒吧一起喝酒，你会被烦扰逼疯，还是会淡定面对呢？换而言之，一个由你喜欢的人和喜欢你的人组成的关系网，可能会成为一种牢靠而有效的关系网。

表格4.2是一个简单的练习，你可以自此开始安排优先的联系人，识别可以帮你建立关系网或者你可以培养关系的人。这仅是一个指导工具——不要局限于这些联系！扩展出去，真实表现，与人分享你的观点，也许，他们会乐于成为你的圈子里的一员。

表格4.3 詹姆斯的全部关系网络图

深入挖掘自身的信息		可以接触的人或团队
关键能力（可以推进的力量——你能提供什么？）	詹姆斯懂得如何策划解决方法。	詹姆斯可以联系MIT媒体实验室。
能力差异（你需要学习什么？）	詹姆斯不是"空想家"，他为实现理想而奋斗。	可否参加TED大会使他与伟大思想家建立联系？
激情（什么使你兴奋？）	詹姆斯热爱机器人学科。	去接触来自哈佛大学的机器人学教授，以此探索新兴的观点。
盲点（如何发现并去除盲点？）	当詹姆斯第一次听到有人说他是一位微观管理者时，他很惊讶。	能否请人来指导他如何授权？

4. 瞄准贵人，掌控你的职场关系网

你怎样才能发现这些符合标准的人，并使他们成为你社交圈的一员呢？答案很简单：到人群之中，用心去看去听，主动亲近别人，直到你发现对的人为止，也就是那些具有专业知识和你所需要的共同价值观的人。

当我说"到人群之中"时，我特别考虑的是以下3点：社交媒体、活动和会议，以及组织层级。

　　首先，这是一个积极的社交媒体网络时代，专业团队已经发展了线上网络，去补充真实生活中引导他们思考和即时做出决定的关系网。你是否知道在你的同行和客户网络中谁最有影响力？只有识别出那些人，你才能以他们为目标去延伸。即使这些人不大可能会主动采取措施去帮你，但是他们可能会讨论你，所以你要确保自己主动跟他们交流，主动帮助他们。

　　这就是为何活跃在微博、Twitter、Facebook或其他专业网站上是如此重要了。在这些地方你能认识那些大人物，看看谁最受"喜爱"，或者关注一下他们都与谁互粉。你也应该查看一下Klout①以及其他相似的社交媒体分析网站，追踪一下在某个行业或学科内，谁具有影响力。与此类似，在LinkedIn搜索你的产品时，看看谁会出现在你眼前，记录下来，观察评论说了些什么。这些都是你可以追随的人。

　　你也想培养一个跨部门和跨层级的宽泛关系网络，这种组织

---

　　①　一家衡量用户在Twitter、Facebook、Google、LinkedIn等社交网络上影响力指数的网站。——译者注

内的网络在你需要交换意见和获取协作支持时，是至关重要的。维护好能拓展自身工作的内部组织网络，意味着当你准备好时，你可以在组织内部传递你的思想，确保你的想法被人知悉。你是否经常与你的领导沟通，探查他们在想什么，以及思考怎样才能超越当前的工作状态去帮他们做事？

出于同样的原因，你是否积极与团队保持协作并消除障碍？当谈论其他部门的时候，敌对的思想，既是愚蠢的，也会自食其果。相反，你是否会邀请其他部门的代表来参加你的团队会议，并分享你从客户那里学到的东西呢？你应该这么做。

你是否经常公开感谢你团队里的成员呢？先不论这种行为可能产生的效果如何，它们可能会提升组织的其他功能，也可能与你的未来发展有着重要的关系。

最后，要时刻保持关系网建设的心态。我发现了一款叫作Timehop的应用软件，它会提醒你前些年所思考的东西，比如说，你2年前或5年前的观点，等等。它通过链接到你过去几年的Twitter或Facebook中的内容来提醒你。我发现，它是一款非常有用的工具。当Timehop中的提示器提醒我曾经提到过与某个朋友或客户有关的事情时，我可以转身去处理它，通过发邮件与朋友或者客户打招呼。收到我邮件的人必然会很高兴，也会重新去安排手头的事情。这是一个很简单的例子，关于一个"嗯，很有趣"的应用软件——我把它变成一个关系网建设的工具。想想你生活环境中的其他事情吧——活动、校友聚会、文字提示器等，你可以把它们用作与你周围真实环境中的人相联结的方式。

调查一下：关系网建设者的生活

如果可以，尝试对最佳事例做一些观察。比如，看看那些从关系网中得到较好回报的同事或朋友平时生活和工作状态是如何的。

这个方法可以寻找到不容易被人注意的细节，它们在你的公司、客户、市场环境中发挥着重要的作用，让你能够一下子脱颖而出。举个例子，在对一个中等规模的软件公司的最佳事例的观察中，我发现，表现最好的销售团队通过让客户直接使用他们的技术团队，创造出了明显更高的附加价值，而这为公司带去了更长久、更多获益的客户关系。他们与技术团队的联结，对于其他团队的参考和复制而言并不困难。

现在，让我们做个计划，帮你去接触那些你想要接触的人和团队。你会怎样联结他们呢？

表格4.4　詹姆斯的关系网建设计划

个人或团队	社交媒体	活动和会议	组织层级
詹姆斯想见MIT媒体实验室的领导，探讨有意义的工作事项。	他关注MIT媒体实验室的官方Twitter账号，同时也关注了那些具有相关标签的人。	詹姆斯确定参加MIT媒体实验室的开放日活动。	詹姆斯提出，希望公司CEO给他介绍乐于回复邮件的特别领导。

5. 以客观身份，主动介入你的关系网

多年以来，我一直在思考，一个外来者在反映组织现状时所担任的角色是什么。我的第一个非咨询的经历发生在一次与一位

银行高管的社交早午餐上。我向他展示了他们银行是如何一步步失去我这名客户的：我穿着整洁，在午餐时间走进了我工作地点附近的一家银行。5位职员几乎都没看我一眼，他们竖起"暂停办公"的标示牌，随便闲聊。我拿起高净值客户手册，一边翻看它，一边意味深长地凝视着柜台，但是始终没有人接待我。我走开了，想着他们可能错过的接待我的六七次机会。这次讨论的结果是，他请我去他们单位做一次管理咨询，而我当时正在给公司做咨询工作！

《该否决的联赛：脑震荡危机》，这部拍摄于2013年的关于美国橄榄球的纪录片塑造了奥马鲁博士这个核心角色。

本内特·奥马鲁博士第一次发现了美国橄榄球球员之间普遍出现的脑创伤情况——慢性创伤性脑病（CTE）。2002年，法医病理学家们实施了对匹兹堡钢人球队中场球员迈克·韦伯斯特的尸检，韦伯斯特50岁时死于心脏病。

奥马鲁出生于尼日利亚，他对美国橄榄球运动知之甚少。尽管他住在一个橄榄球运动疯狂盛行的城市，但他也不看球赛，对传奇球星韦伯斯特一无所知。他只知道，他正在实施的是一次对一位50岁男人的尸检。这个男人的大脑损伤就好像是75岁一样。这项运动毁了他的身体，甚至也毁了他的大脑。作为神经病理学家，他发现了这一未曾被记载的脑损伤，一种叫作慢性创伤性脑病（CTE）的状况。这种病症能引起抑郁症、记忆力丧失，以及间歇性痴呆症。

奥马鲁对这位球员非常尊敬，他以一种追随者的方式为韦伯斯特及其家人服务。他发现了过去一年韦伯斯特痛苦而纠结的悲剧背后的缘由——该苛责的是该疾病，而不是患病之人。

该纪录片谈到了美国橄榄球联盟（NFL）以令人不齿的方式扰乱着奥马鲁，毁坏他的名誉，处处给他设置障碍。不过，最终真相还是被揭晓，奥马鲁的坚持和正直一定程度上保护了现今进入该项运动的年轻人。最终，美国橄榄球联盟改变了运动规则，从而保护运动员，降低头部损伤发生的可能性。

你能从这些与你的关系网搭建没有太大关系的外来者例子中学到什么呢？

· 当你与关系网中有影响力的领导者一起工作时，与他们分享一些事实，能帮助他们更深刻地认清自身组织的情形，而该组织也可能获益于他们的一次反思。毕竟如果他们固执地支持现状，就可能妨碍组织的发展与演变。

· 经过近距离检验，对方是否还存在盲点？

· 是否存在帮助周围人改善的机会？或者说，他们的提升是否更有利于你做出自我的改变，从而更加具备成功的能力？

· 在大多数情况下，你对谈话的目标有着浓厚的兴趣。你要表现出来，让他们能感受到你的激情，表现出你对目标的执着感。

· 通过倾听、参与、验证，全面地判断如何形成一个新的体系。

· 建设性地参与。多使用诸如"如果那是真实情况，我们该如何去做"这种表达方式，少说"但是"或者"我以为"等。

· 帮助他们设计一种方法，去验证你的见解，就把他们当作你自己的团队一样，简单思考，别复杂化。

· 认清自己是变革过程中的一环这个事实。当然，你要记住，你不会出名。

· 保持真诚。你可能不是数据狂人，但你要形成并与人交流你的方法。我自己的经验是，如果手头的数据和案例有限，那么不想被说服的人是一定不会被你说服的，所以你要尽可能搜集到足够多的信息和数据，然后确保你会耐心地与他人交流。

· 检查自己的动机。如果发现其中存在任何自娱自乐的成分，那么你要么舍弃它，要么对它保持绝对公开。毕竟，他人对你的来历都会非常清楚，隐瞒对自己毫无益处。

· 最重要的是，要理解别人的观点，通常那才是现状。有可能你无论如何都不同意这个观点，但是理解这些想法从何而来是有好处的。

· 如果可能的话，与具有同感的内部人士一起工作。在大多数组织里，都有那种备受尊敬的影响者，他们打心底希望公司长远地、良好地发展下去。如果你能发现这种人并与之工作，他们会在你自我转变的这个过程中起到重大作用。

请记住，这种具有建设性意义的谈话会带来成功的机遇和行动的承诺，这是令人相当愉悦的！

既然你已经意识到你的关系网当前所处的优势、可能性和优先权，那就开始采取行动吧。向你关系网中的人学习，对他们敞开心扉，他们会像你珍视他们一样珍视你，如此一来，你就可以激活你的通讯录，在职场掘金的道路上获取充沛的优质资源，得到进步与发展！

调查一下：对于阅读本书的父母

在我们与创新者的访谈中，大多数人都指出了父母在他们特殊的成长过程中扮演的角色。这些父母通常都会接纳孩子们的特殊行为，即便表现得不合时宜或不合常理。一位生长在明尼苏达的工程领域的重要人物谈到，他的父母不强迫他遵从任何东西，有时甚至会满足他在邮购目录上订购电脑零部件的要求，尽管那时它们还是稀罕物品。由此，他发现了他的第一个爱好！

我们的调查展示了一些有趣的见解。几乎70%的受访者都会赞颂父母以及他们对于自己创新能力的培养。

让孩子处在一个充满新思想的家庭环境之下，抵制想让孩子变得循规蹈矩的冲动，以及努力成为孩子的搭档而不是规则制定者，这些都是我们认定的创新者的父母所具备的关键特征。当你们在培养下一代时，这些都值得思考。

CHAPTER 5
建立发展模型，边尝试边调整

建立自己的职业发展模型，它可以让你的职业目标更清晰、更明确。再完美的计划也赶不上变化，及时调整规划可以让你走得更顺。

　　多年前在欧洲旅行时，我在TiE（即印度企业家协会，一个由企业家和天使投资人联合组成的全球组织）进行了一场演讲活动。活动结束后，帕特里克（客户的复合角色）拦住了我，他对我分享的一项关于哈佛的研究很感兴趣。那项研究显示，当人们应聘一项自己只具备职位描述的一部分经验的工作时，男性通常比女性对自己的能力更有自信。帕特里克怀疑自己是不是一个例外。作为一位曾经的能源领域的成功人士，他在国内有着不错的创业历史，但是现在他却发现自己处在一个无意义的角色循环之中。他拿着高薪，遇到工作阻碍会努力克服，与过去和现在的上司保持良好关系，日复一日地待在公司里。如今，在40多岁的年纪里，他处于职业停滞状态，眼睁睁看着其他有能力的年轻人都升职超越了他，还有人极具挑衅地想要收购他所创立的创业公司。他做错了什么吗？

　　随着我们讨论的深入，情况越来越清晰。他原本是一位能够自由分享真正技术想法的"好伙计"，后来却迷失了方向；原本想成为一名开拓者，却受了薪资的蛊惑，过了10年安逸生活，他感觉自己再也无法打破现有的状态了。

是否听起来很相似？

帕特里克和我一同工作，在WebEx（美国网讯公司，网络通信提供商）的跨时区培训课程中，我们收获了一系列方法，他把它们一一记录下来以备未来使用。在我们对可能性进行实践时，我让他写些简短的想法，然后以邮件形式发我。每次他都会描述一种未来，一种基于现阶段实践而创造出的未来。我问他，你是否真的想离开一份薪资很好的工作去向广阔的未知？为什么这份薪资会让你感觉良好？考虑到曾向我描述的日常忍受的轻侮，是否真的认为这份工作很好呢？在培训课程行将结束时，他写了一篇卓越不凡的文章，详细地描述了在某种程度上已经掌控并真正开始发挥自身潜力的未来。写过几次后，一个固定的模式形成了。他认为在公司工作是一种精英的体现，而他开发的一个以技术为基础的全球平台需要被特别关注。他阐明了自己的愿景，慢慢集聚了一个团队，现在，他只是需要寻找合适的时间出击。

2015年12月的帕特里克和2016年4月的他有什么不同呢？当然有许多！他做了一个可以履行他的职责和可能性的财务规划，真实地展示了自身的可能性，也清楚是什么使自己与众不同，并彻底激活了自己的关系网。最重要的是，他为自己新的冒险和生活确定了模型，他设想了一个不一样的未来，对自身的可能性开始进行实践。

我在运动时，第一次知道"形象化"这个词。步枪射击比赛就像一场马拉松长跑，你站上射击位后，先试射几枪，然后射击60枪，最理想的就是直中靶心。当我参加射击比赛时，有一到两小时射击的时间。在那段时间里，所有问题都会出现：不同的风向和光线、疲劳感、每次比赛安排的新射程所引起的分心等。赛事进行时，你通常只有一到两天适应射程的练习。于我而言，我也是在进行着一项相当昂贵的运动，因为我来自一个资源有限的乡村。所以，当我的对手们花好多天进行数以百计的练习时，多数情况下我的教练只会让我在脑中对每枪都默想好多遍。在一天的射击之后，我会坐下来，在脑中进行多次比赛演练，试着感觉每种情形下的肌肉状况，以及光线、阴影和风向的交叉影响等。

当我完成了自印度南部的乡下到牛津学习再到纽约工作的转变后，同样的事情发生在我身上。描画出种种未知，并不能完全帮助我接住生活所扔出的曲线球（意指坦然面对生活的挑战），但是当我走进新的训练场馆时，它确实帮助我看到了很多可能性。

我"最差的"客户，就像他自己说的那样，是斯瑞·斯瑞尼瓦桑，也就是我的丈夫（Twitter账号@Sree）。1999年我遇见他的时候，他即将成为哥伦比亚大学的一员，在新闻学院担任讲师。我们最初在一起的9年里，他对自身的能力模型进行了重新设计。尽管他在新闻学院教书，但他很快进行了一项围绕社交媒体的实践。曾几何时，当人们抱怨Twitter和Facebook只是一个分享午餐照片的空间时，他就在探索商业该如何利用这些平台，展示专业知识并吸引粉丝关注。

正当我相信他命中注定要过学术生活时，他开始了对MOOC（即大规模网络公开课）的研究，并思考哥伦比亚大学该如何应对MOOC的走红。从本质上说，他为自己创造了一份新工作，成为当地一家单位的首席数字官（CDO）。

现在，你可以想象一下，当他2013年决定离开他工作了20年的学校机构时，我是何等惊讶。他对纽约大都会博物馆终生艳羡，于是他趁着这次机会去那儿做了首席数字官。我也跟着去了，但我颇有顾虑……3年之后，我最担心的事情还是发生了，这家单位深陷财政危机，决定退回以前的基本状态，而不是着眼未来。尽管他们吸引了许多新的观众，并重新规划了数字应用对于博物馆的意义，但斯瑞和一系列数字化为主的员工都被辞退了。在那3年里，他改造了大都会，创立了"大都会博物馆"应用软件和"遇见孩子（MetKids）"的传播类应用软件，开发了"艺术家"和"Facebook360度全真摄像"项目。可惜的是，一夜之间，这些内容都被置若罔闻。相比于自我沉沦，斯瑞，这位曾被视为社交媒体界教父的人，决定用社交的方式去解除危机。

他知道，在他的工作级别上，直接的工作机会需要花点时间来规划，所以，当天大都会博物馆在全公司范围内对他的离职发了一封邮件，他接受了，然后他在Facebook上发表了一条诚挚的留言。他当然想与他所爱的人和好友们一起分享当下的感受。在接下去一周的时间里，他围绕自身的技能、关系网和激情，继续规划自己的未来。他没有马上投入下一份高级职位中，而是先根据朋友们的慷慨回应做了一番咨询调查。在写这本书时，斯瑞已经主动重新规划了他的未来，遵循自身的信念，快速设定了新的模型。

让我们来探索一下，你应当如何把你所理解的自己和将会面临的工作环境结合起来。

调查一下

绝大多数（74%）激发新思想的被调研者说，他们几乎总是能够"完成任务，虽然会有障碍"。

坚持不懈是创新者们普遍拥有的特征。每条职业路径上都会有挑战，克服这些障碍并不容易，也不是每个障碍都值得去克服。但是，如果你想尽力去验证可能性，重新设定你的职业远景，你可以为自己创造一条真正的路径。

为了回答那个问题，你首先需要在几个关键领域内挑战自己的想象力。你的设想是什么？你认为什么是真实的？你愿意放弃什么以及希望获取什么？在产品或服务上，顾客或员工想要什么？他们什么时候想要以及你能怎样去满足他们？

只要你在每个领域清晰地提出设想，通过回答4个"如果"的问题，你就可以提升自身大脑的想象力。

1. 你的个人等式：如果你愿意做出改变，那么你愿意放弃什么，又想得到什么？

2. 如果顾客或员工想要完全不一样的体验，那会怎样？

3. 如果他们能在其他时间接触到这些服务（或产品），那会怎样？

4. 如果他们想要别的服务方式，那会怎样？

这些问题的结果会令人惊讶，也会促使你去重塑自身的愿景，去大胆设想，当你重新确认你想要达成的骤变的合理性时，拓宽你的选择范围。

基于这些发散性的问题，作为一个普遍化的例子，请你们发挥想象力，将自己置于一款视频游戏之中——我的世界（Minecraft）。当你突然到了一个完全陌生的世界时，你要做的第一件要紧的事情就是看看周围有什么，有哪些工具和器械你可以用来建造自己的家园。在内心深处，你通过视频游戏层面清晰地描绘你全新的未来。你是否有意识如何开始与从哪里开始？你可以获得哪些特殊的工具或器械？在本章中，我会带你们精心设计自己的故事，化身为不同的职业轨迹上的不同角色，体验每种职业，看看哪种职业天然地适合你们。

市场、趋势、客户、产品、技术都具有一个共同点：它们从不静止不变，也没有哪一项规划能适用于下一次骤变。这意味着你必须习惯转变——既要习惯剧烈式也要习惯微弱式，如此一来你才能持续平稳地转变你的工作生涯。所有人的职业生涯管理都要求个人保持精神上的灵敏和警惕，从而能够朝着计划的正确方向快速转换。

本章就此讨论了3个范畴：

1. 掌控意外发现：对意外发现保持开放心态，如此你可以捕捉到外部和内心世界发送给你的信号；

2. 保持设计的心态：投资自己时，要了解自身的基本情况，在你的生活中使用一些设计的要素；

3. 以职场为中心的快速定型：你怎样才能在全心全意做好当下工作的同时，进行快速而有效的职业转型呢？问题在于策略性地区分实验和日常工作，并且把它们结合起来去检验下一个模型的可能性。

1. 掌控意外发现

当我16年前第一次搬到纽约的时候，我只认识我所在的咨询公司的同事。他们都很有趣，在工作日的晚间过得非常充实，大家会一起加班到很晚或者团队聚餐，但是周末就会变得很无聊。

当然了，纽约不会缺少活动项目，只是需要我们在众多的机遇中决定做什么而已。

就在那时，我想到了一个持续到今天仍会使用的策略，一个当我身处陌生城市或发现自己无事可做时会使用的策略。这是一种抓住意外发现的方法。我会乘坐地铁去往我想探索的邻近地区。走出地铁站，我走向最近的交通灯，让变化的信号灯来指引我。无论哪个绿灯亮起，我就走过去，确保我不会待在某一点傻等着。于是，不可避免地，我遇见了博物馆、美术馆、公园、展会、吃饭的地方或者一些不易被察觉的好去处，我会在那里消耗剩下的时间。几个星期后，我就感觉自己了解了曼哈顿、哈莱姆区、索霍区、上东区、中央公园、上西区，以及布鲁克林区，等等。在巴黎、伊斯坦布尔和伦敦，我也是这么做的，并且我从没有感到无聊过！

它使我想起我常常边看周日的报纸边走的那些蜿蜒小道。这是充满趣味的，我保证。

行动一下：制造意外发现

当一些新的东西偶然出现在你面前时，你需要打开所有的感觉细胞，体会它们带来的变化。它们会丰富你的日常生活，也将促使你重新思考自我。这里有一些值得尝试的练习，建议每周或每月实践1次（最好是每周或每月的第一天）。开始要做好计划，这是让你适应新改变的好伙伴。随着习惯的养成，慢慢你可以减少对备忘录的依赖。

如果你发现周末有几小时的空闲，不如浏览一下报纸，或者上网查查看，市里是否有展览，看看自己能否抽时间去现场（尽管一般来讲你是不会去的）。

浏览当地网站或者其他线上平台，看看市里是否有相关行业内的会议要开，去了解一下新的行业动态。

如果你在浏览Twitter等线上社交平台，关注一下行业内的热搜话题，加入其中并进行相关讨论，看看是否有你可以了解的故事。

如果你住在大学城或离大学很近的地方，看看是否可以参与高校论坛或者公开课。

在城市里随便走走，去美术馆，去博物馆，去大剧院，意外惊喜可能随时会出现在你身边。

祝你好运！

职场岗位和行业状况几乎以同量级的速度不断变化。以前享有盛誉的角色和行业如今变得困难重重，甚至有些已不复存在，新兴岗位此起彼伏。2000年，首席创新官被提出，首席数字官被重点关注，而后10年，这些角色在经历火热之后又被冷却，融合进了首席市场官。

与此类似，尖端技术也经历了兴起、式微乃至衰落的阶段。区块链技术自从2008年比特币的开发以来已上升到显著地位。然而，不少杰出的区块链开发者最近却离开了该生态系统，由网络攻击引起的巨大损失也动摇了这一网络经济的基础。甚至像2000年左右无处不在的网络接口那样不太有技术性的创新，或者应用经济，在迈向卓越的那些年后，都开始表现得不太重要。

在这种情形下，你能怎样去做长期规划呢？好吧，你不能。但是，你应该对意外发现保持开放性的观念。当新的技术、机遇、路径展现在你眼前之时，好好利用它们，跟随它们看看会通向何方。即使你处在当前的角色上，这点也是可以做的。

关于意外发现是如何帮助创新者指引人生方向的例子，是数不胜数的。让我们来看一个著名的例子。

莱拉·迦娜在哈佛做过发展中国家的相关调查研究，后来在阿育王组织①和世界银行也做过。一个偶然的巧合（正确的地点和正确的时间），加上她想做得更多的动力，使她加入了我与一家印度外包公司的合作项目之中。当她深入挖掘外包的操作

---

① 一家国际性非营利组织。创办者是比尔·德雷顿，它的宗旨是在全球范围内寻找和资助那些既拥有改变社会的新鲜想法，又具有社会企业家能力与强大道德力量的个人。——译者注。

和细节时，她设计出了一项特殊的操作，创立一个以发展为导向的企业，其目的在于通过联系非在职人员，向贫困国家做数字工作，以减轻全球贫穷状况。作为第一个关注采购影响力的组织，Samasource（萨马索斯，非营利性机构）集团使用一种基于互联网的"微型工作"模式，把来自客户的大规模数字项目分解为小任务，以使工人能够完成。这些工人受过最基本的计算机技能训练，也能获得合理的工资报酬。

莱拉的故事会怎么发展呢？

莱拉第一次去非洲时只有17岁，她的大部分费用由奖学金资助，那是她坐在高中升学顾问的办公室里主动申请而来的。那笔1万美元的资金，使她能够离开日渐紧张的家庭生活——这对她来说意味着逃向一个充满希望的未来。她家里没钱送她去加纳，但她自己找到了去那里的方法。她在加纳教盲人学生英语，在那里度过了她高中四年级的第二学期。她学了布莱叶盲文，并且从大使馆的图书馆中开发出了一套课程——为那些渴望信息与机遇的学生开发出了一套创造性的写作课程。学生们如此努力，完全未受到各种不利条件的影响。莱拉谈到了她在那个学期的经历是怎样转变了想象中对贫穷的所有印象，包括老生常谈的论调，说穷人之所以穷是因为他们缺乏工作道德、刻苦工作的心态，或者缺乏价值观。她所体验到的是，在加纳这种地方，人们不得不极为刻苦地工作，仅仅是为了生存下去。

她想与全球性贫穷抗争的激情被点燃了。如此有天赋的人们怎么会如此贫穷呢？他们怎么可以因为付不起5美元的疫苗而就此死去呢？一次次地，她发现人们想要的并不是慈善，而是工作。

在学习期间，她做了很多兼职工作——法律秘书、SAT辅导老师、清洁服务人员、售票员等，这些工作使她累积了资金开展一些非营利的事业。就像她所说的："拼命工作使我获得了不靠信托基金而做慈善的心态。"莱拉继续攻读学位，后来毕业于哈佛大学非洲发展研究院。她得到了资助她回到非洲去实习的机会。她从与NGO（非政府组织）服务接受者的讨论中意识到，他们实在不需要更多法律专家来提醒他们对法律体系的需要——他们需要的是工作。他们需要提升个人能力的投资，而不是当时盛行的家长式作风和学术心态。

她深入钻研了创业方式，选择了在印度的阿育王组织实习。她有机会与那些经常处理棘手问题和提出创新解决方案的社会企业家相处。比如，这个组织会帮助那些捡拾破烂的贫民窟的孩子们成立工会，并且给他们在城市里提供工作岗位。

然后，意外的事情发生了。她从哈佛毕业后加入了卡岑巴赫咨询公司，想要提升她的商业技能。碰巧的是，我那时候给了一家印度外包公司一份工作需求信息。这并不是一份容易做的招聘。我们组织了一支没有什么后援的小型队伍，因为在既定汇率下，我们没有要到多少资金支持。因为莱拉祖籍是印度，我决定试试，让她坐飞机来孟买见我。

莱拉提醒我，她几乎没有什么商务背景，也不知道什么外包知识。我解释说，咨询经常问的是转型式的问题，需要深入和快速学习，以及毫不畏惧地参与。"我发现用这来对抗冒充者综合征①非常有效。在一个很大程度上男权为主的社会中，假设你在满是男人的房间里被人倾听，是一件令人惊讶的事情。"莱拉这么说道。几周的时间里，我们敞开心扉谈论了一家著名咨询公司的操作细节。

在读过孟加拉乡村银行的创始人——穆罕默德·尤纳斯的作品后，莱拉已被小额信贷的思想所吸引。她开始探索自己如何能把那种概念与外包结合在一起。此外，我们都感受到了全球化对日常生活基础的实际冲击。美国人会购买由各种地方生产的商品或服务，比如孟加拉国。当我们在使用他们的劳动成果之时，我们怎么能否认制造者的责任呢？

当她与朋友在肯尼亚享受夏日假期的时候，这个思想一直萦绕于她的心头。她刚好与一位来自肯尼亚大学的院长吃饭，饭间谈到她如何能够使她的设想在那里成为现实。当时，肯尼亚正面

① 很多已经功成名就的人，内心深处都隐藏着一个小秘密：他们觉得自己是个大骗子，而那些所谓的成就靠的都是偶然的好运。这种心理学现象，通常被称为"冒充者综合征"（或者"冒名顶替症候群"）。——译者注

临着城市受教育人口20%的失业率。她们关注了肯尼亚网吧的情况。里面的电脑经常是空置的，因为每分钟上网价格相当昂贵。她打算组建一个网吧拥有者的关系网络，去分享她的见解。如果能招聘到努力、聪慧、懂技术，但又很贫穷的人，她就会聘用他们。事情变成定局后，她因任务而返回美国。一开始，她从一家来自帕洛阿尔托市的叫作"书籍分享"的非营利组织收到一份数据录入项目的合同。第二年，之前的3万美元合同收入变成了25万美元。

基于自己的学识（开发与法律）、资产（深入的关系网）和能力（策略与商务发展），莱拉已经组建并使用意外发现去创造了一次全新的尝试。萨马集团，莱拉的第一家单位，有诸如理查德·布兰森那样杰出的赞助商。这家公司现在在全球招聘了1500人。他们以一种新的方式显著地提升了穷人们接触体面的工作、获得关键性医疗和教育等的机会。从2008年开始，萨马集团组建了3家社会企业，帮助他们培育了一个新的行业。

就像莱拉所想的那样，"你可以规划所有你想要的东西——

你可以做各种各样的计划，实际上，你所看到的任何成功，都是因为你对变化保持开放态度，也做好了准备。现在，当机会来临，我有能力与团队一起积极行动起来。"

这种"掌控意外发现"的做法也能以较低戏剧化的方式来运行，由崇高而变得更加世俗化。当21世纪之初我在辉瑞（美国制药公司）工作时，我见证了博客和微博的兴起。我知道自己想去试验这种自由信息发布趋势，但是我不能发布任何我自身作为行业专家而所擅长的东西。我处于一种策略性职位，我所揭露的任何东西都会在某种程度上反映辉瑞的考虑点和开发点。但我意识到我可以通过发布自己喜欢的东西来提升自己的博客经验。那时我已经开始给自己的孩子们介绍烹饪，所以我一开始发布的是菜单和与孩子们一起在厨房干活的经历。不久之后，我有了一个100多份菜单和10万多页图片的博客。有人建议我发表一本关于烹饪的书，在怂恿之下，我出版了第一本关于烹饪的图书。

2. 保持设计的心态

虽然传统的设计思想开始于观察和精心设计的提问、头脑风暴以及随后的选择，创新者似乎具有一种几乎不变的联结和提问机制在背后起着作用。

在倾听一位努力工作以求在娱乐产业内获得持续认可的创业公司的创始人演讲时，我听到自己头脑中两个玻璃球在互相发声：一个不知名的创业公司如何变成标准的制定者呢？在娱乐产业内，只有抓住行业的核心——比如在电影节，发布一部联结所有可持续性规划的重磅作品，那么，在电影节期间他们能快速获得一次普遍的专业认可，从而加速发展。

绝大多数创新者倾向于把创新视为集合了所有传统驱动因素的拼图后的复杂机制，这些驱动因素有：新的产品、新的服务、新的共享或获取的信息，以及改变当前产品和服务的方式。非概念主义者，或者那些把自己描述为更专注于执行而不是创新的人，倾向于把创新阐释为与产品和服务更相关的东西。拼图游戏的思想涉及更大的灵活性和做出特殊选择的能力。

有一个使这种拼图游戏产生的方法是更加一贯地提出正确的问题。在核心方面，设计思想涉及提出一些关于关键因素的高效率的问题。在产品设计上，可以提出这些问题：

· 对于当前的设计，客户的体验是怎样的？

· 他们如何、何时以及为何使用这款产品或服务？

· 如果我们改变这些因素中的一种或多种，结果会怎样？

· 那种改变的什么方面是令人兴奋的？

· 改变后，顾客体验变得如何大不相同？

3. 以职场为中心的快速定型

读这本书的大多数人可能当前都有工作，那么，你该如何一边准备变现途径，一边保持好现状呢？

这就要谈到快速定型这一种方法。一般公司在开发新产品的同时，持续不断地从当前产品中获取价值。我们可以用相似的思维来考虑这个问题。

瑞潘·卡普尔是一个航空公司的会计，他住在印度。他见过贫民窟的孩子们乞讨，也见过在航空公司工作的同事们炫富。他本能地将两者巨大的反差进行对比，心里非常不安。1979年，他在做着会计工作时，开始了一项实验，在远离家乡的航班上，询问乘客们是否愿意将硬币捐献给印度的贫困儿童。这是他早期的实验之一。当时20多岁的他聚集了一群志趣相投的朋友，一起探讨他们该如何为此做出持续努力。比之于创立一个直接资助贫困儿童的"草根"公益组织，卡普尔和他的朋友们选择将数百万生活优渥的印度人与贫穷的"草根"阶层相联结。在20世纪70年代，这是一种全新的想法。而后，他们进一步成立了印度儿童权利组织（CRY），是印度早期著名的民间社会组织之一。

瑞潘·卡普尔的确是一个在年轻时候就很有成就的人。硬币实验的成功促进了联合国"爱心零钱"项目的启动，目前有多条国际航线正在运行此项目，收集零钱，建立捐赠基金。瑞潘最初的想法源自与6个朋友在母亲餐桌边的讨论，而当时启动资金只有50卢比（本书写作时的汇率大致相当于1美元）。一直到后来，他都没有伸手要钱，而是用自己的方式获取资金。他利用自己在航空公司的工作，仔细观察经常接触的人，洞悉那些可能为他的梦想提供资助的人的审美观念，为其制作高端的收藏工艺品，以此获得资金。现在这个组织已经为成千上万的印度孩子带去了教育和健康。

快速定型

在工程学里，快速定型是一组使用电脑辅助3D设计（CAD）数据来快速制造产品比例模型的技术。在许多方面，它是基于前人的工作而建立起来的。比如，莱昂纳多·达·芬奇所创造的形象和模型。实质上，你得到了对于产品的感官性知觉或者是资源允许范围内的供给物。你着手解决设计缺陷，当你觉得设计已完好并且你想要的功能都能够显现时，你开始投向生产。随着3D打印的到来，该领域正以前所未有的开放姿态发展着。

快速定型背后的核心技术或思想是快速地重复创造、审视和修正这一循环过程，尽可能快地将想法变成工作成果。

定型可以有很多种形式。在工程学里，低保真原型仅是为了抽离出事物，而高保真原型是创造工作原型的。

在达·芬奇的世界里，那可能是从他对于详细计划的速写到他做试验原型的演变，有些时候是他所做的试验，比如，他设计过螺旋直升机但是从未完整试验过。

在工程学里，这一过程会包含一个草图、一个框架，然后是最小可行产品或应用。

行动一下：职业生涯快速定型

对于职场掘金，它是什么意思呢？大家可以基于以下的设计思维来练习。

低保真：如果你不是一个在乎视觉体验的人，你可以很容易地得出低保真原型。而如果你在乎，那你可以尝试回答这三个简单问题：

· 我所做的这个改变看起来怎样？对于我和我的世界而言，什么会变得不同？

· 它给人什么样的感觉？它会使我对自己所做的工作产生

怎样的感觉？

·　什么改变了我的工作产出？在每日、每周、每月或每年，我会对照什么来评价自己？

中保真：现在，以一种更像散文的格式把它塑造出来。你能想象它吗？

高保真：写个简短的商业规划或者重写你的简历以反映你从自我审视中看到的所有东西。

审视自己

与一些了解该领域的人交谈，试着询问他们：他们的生活和工作感觉怎样？他们如何衡量自身的工作？你的商业规划是否有效？你的新简历是否达到了目的？

他们是否让你去到他们的店铺或公司？你能否自愿帮忙做出关键举措？你能否试验一下自己对于工作的假想？

提炼

基于你从那些谈话中得到的见解，重新开始，不断提炼你对下一步行动的高、中、低度保真的洞察。

对意外发现的想法保持开放的思想和心态。抓紧时间去理解你的设计和驱动力，勤奋工作为你的设想寻找原型，创造新的可能。这是一场充满魔力的旅程。

CHAPTER 6
细节做到位，制订出最适合自己的发展方案

适合自己的才是最好的。制订适合自己的发展方案，才能让你的潜力发挥到极限。细节决定成败，细节做得越到位，你的掘金概率才会更大。

　　对你而言，颠覆式的精进看起来像什么呢？它也许有回家的感觉。请确保你有足够的时间、精力、金钱、资源和激情来使之发生。

　　迄今为止，我们已讨论过你该如何深入挖掘自身的驱动力、优势和盲点；如何追踪市场趋势，识别你的杠杆点以迈向新未来；激活了你的关系网，也开始寻找可能的原型。现在，到了追求极致的时候了。

　　正如我在前面一章所述，我的运气很好，我刚好有个真正"追求极致"的伙伴在我身旁：他就是斯瑞。

　　我的丈夫斯瑞·斯瑞尼瓦桑，从新闻学院毕业拿到硕士学位后，就加入了哥伦比亚大学教书。在我们结婚的最初十几年里，他的身份是一名大学职员——开始时是新媒体新闻专业的教授，然后是新闻学院的副院长。随着时间的推移，他的经验不断累积，由基础的技术报告人，变成了社交和数字行业的权威领导。

他的角色转变成了一家公司的首席数字官（CDO）。他提高了自己的社会参与度，也在那些平台上注入了自己的个人魅力和精神。所以，当2013年纽约大都会艺术博物馆聘请他作为首位首席数字官的时候，他登上了诸多媒体的头条。斯瑞的职责是将世界和大都会这一宝库联系起来。他接管了一个70人的团队，创造了博物馆第一款应用软件，更新了网站内容，深入开发了引人注目的视觉内容，还重开了媒体实验室。

"空荡的大都会"的故事

我记得，在他工作的第一天快结束的时候，他跟我说，清晨走过空荡的大都会博物馆，视野内空无一人，是何种令人惊讶的体验。博物馆上午10点面向公众开放，所以他在接下来的几周里，每天早上8点进去，除了灯光检查人员和地面的守卫之外空无一人。他把这些画面在Twitter、Facebook上面进行分享，随着大伙儿开始对这些画面进行评论，感慨他如何幸运有此机会，他开始建立了一条别人使用过的标签：空荡的大都会。

在接下来的几个月里，斯瑞开始了一段个人的游历，他带领朋友以及在社交媒体和现实世界具有广泛影响力的人们一起，共同前往这个美妙又带有艺术感的地方，感受令人兴奋的东西。在接下来的几年里，来自世界各地成百上千的名人名家都去往"空荡的大都会"游历。2016年的春天，为了纪念Facebook的创始人马克·扎克伯格结婚4周年，斯瑞的同事为扎克伯格和他的妻子普莉希拉·陈安排了一场"空荡的大都会"的旅程。大都会开发了游历的商业版本，现在面向公众提供"空荡的大都会"的行程。

在这一过程中，因为一系列的创举和项目，斯瑞被一著名杂志评为了"100位最具创造力的商业人士"之一。这家杂志称赞斯瑞说，他"把博物馆从冰冷的物理墙面上解放出来了"。

所以，当大都会突然告诉斯瑞，作为公司全面的降成本运作的一部分，他必须离开组织时，我们都满腹疑惑。这可是一位做了很多事情为大都会带来了各种注意力，并且真正喜爱他的工作的人啊。

斯瑞3.0

被解雇后的斯瑞，如同大多数管理人员一样，选择花时间与家人待在一起，从公众视线里逃离。在震惊和恍惚中过完周末后，斯瑞重新振作起来，重现男孩般的朝气！

几天后，斯瑞在Facebook上面发布了一条消息。

这条消息主要表达的是感激之情和冒险精神。他分享了大都会的离职备忘录，然后发布了他称之为"斯瑞3.0"的决定（"1.0"是他在哥伦比亚大学的21年，"2.0"是他在大都会的3年）。他会继续从事演讲、咨询、写作，当然了，也会花时间与家人去印度度假。他还邀请所有的朋友，跟他一起行走（他每天会行走5～7英里），并且邀请他们在Google上分享他们对于他接下来该干什么的看法。有多达1300人回应了他的疑问，给出了各种各样的建议，包括竞选总统和做孩子们喜欢的巧克力酱，等等。

他发在Facebook上的这条评论具有建设性意义。精力充沛的管理者把他推荐给更具影响力的人。与人在公园里一起行走也变成了与重要的媒体人士一起进行头脑风暴的机会。

这是一次全新的下岗体验——被解雇3.0！

而他一直在进行分享：对他所探索的所有机会进行解释，分享轻松进入生活新阶段的现实的方法。有一家公司以头条消息的方式发布了一则短讯："大都会驱逐了一位高管，而他用Facebook向世界展示了如何正确地处理失业。"

当他失业一个月时，他被比尔·德·布拉西奥市长任命为纽约市的首席数字官，数字精英界已然疯狂，支持他的消息从世界各地涌来。

那么，斯瑞3.0说明什么呢？

斯瑞早期学习的是数字空间，此后他还学到了人员管理的技能。

当大多数人离开社交媒体平台，认为它们"只是谈论早餐的方式"时，斯瑞却深度关注和介入所有的平台，他也是该领域出现的最早一批研究者之一。

他建立了一个活跃的社区，数十年来一直在帮助别人。所以，当他有需要时，他的关系网中就有人刚好跳出来帮忙。

他一直在介入非营利和公共项目的世界之中。所以，在某种程度上，他为纽约市首席数字官的工作准备了20年，而不是在任命到来之前的几周才开始的。

在面临生命中第一次被解雇的情况下，斯瑞选择了追求极致。他提高了感激、个人信息透明度和请求帮忙的声量。

如果你足够努力的话，这是你可以从周围发现的成功模式。不可避免的是，无论何时，当选择迈开小步，创新者们似乎会深呼吸，考虑什么是极致或者什么是重大选择——然后他们会选择它。它并不是一场无休止的冒险，它需要我们在选择时保持清晰的视角，并且在做出选择时保持慎重。

拉多·科托罗夫成长于苏联时期的保加利亚。他曾是一名法学学生，但是，他一直对商业很感兴趣。他积极参与社会活动，当机会呈现时，他果断抓住。就像他所描述的那样："相比于过去的非黑即白，我认识到我可以给自己的生活增添点别的色彩了。"

拉多向内审视自己，并追求不断超越自己。他知道自己想要学习比现在所接触到的更多的东西。他想学习语言，想读各种经典作品。他会怎么解决这些问题呢？出版是他选择的答案。当他24岁的时候，他成立了保加利亚第一家独立出版社，变身成为一名出版商。

意外之喜又一次美妙地出现了。拉多出版的一套书被当时的总理候选人放了家里咖啡桌上的显眼位置。有一家电视台到他家去进行采访，当他们问候选人正在读什么书时，他指向了这套书。这套书是拉多的合伙人——康斯坦丁·斯米欧诺夫律师碰巧在前一天寄给他的书，候选人可能并没有真的读过它们，但是这套书上了电视，它们变成了未来总理阅读清单里的内容。这次神奇的、令人愉快的曝光机会成了拉多的公司迈向卓越的引爆点。

接着，在第二年，拉多创立了保加利亚第一家信用卡公司，并在不同的领域内获得了3项专利。作为因弗比信息科技公司的首席创新官（CIO），他还帮助过很多创业者释放了他们的想象力。

早期的日子很不容易。他成长于一个鼓励职业稳定的家庭，不喜欢冒险。他记得过去自己总是躲着母亲，因为在进行最初的冒险时，她大部分的时间都在哭。但是，这也是一个鼓励学习的家庭，不管他是否有意识，妈妈总在培养他的好奇心和工作的意愿。拉多很珍惜自己的学习机会，他强迫自己每6个月都要学习新的东西，他也会重新学习所有的东西，达到几乎能让他取得新的学位那种程度。这种心态——一头扎进新的领域和学科去深度学习的心态，是拉多追求极致的方式。企业家需要广泛掌握法律、财务、营销等多门学科。你可以边走边学，但是一定要学习。他在法律、财务和营销方面受过正式教育，在博弈论、数学和哲学，甚至在时尚设计上都取得了博士学位。这是一位真正相信跨学科学习能有效帮助个人精进、理想变现的人。如果说今天他会关注某件事，那一定是教育。他把他的教育经历视为自身的能力——这些对于所有企业家都是至关重要的，从鼠目寸光到雄鹰般的视野，反向亦然。换句话说，他有从小细节推移到大视野的能力，而且反过来也可以。

调查一下：专利的力量与永不放弃

拉多反思他在申请专利的经历中所学到的东西时说：

"获得专利这一过程会教给你很多东西。获得第一份专利会使你满怀不切实际的希望。你认为它会给你带来大生意。但是，实际上，是失败教会了你谦逊。在我们的例子中（咖啡机的例子），很多企业对于获得许可兴致很高，但随着市场上罐装咖啡变得饱和后，什么都没发生。于是，那些公司认为市场很拥挤了。对于这种情形，很多创新者很愤怒，也不再去搞发明创造了。他们认为体制不公平——强者恒赢，但事实却不是这样。市场是动态的，你必须要再创造，你的下一个想法总会更好。我的技术专利，就是我与因弗比信息科技公司的总裁格里·科恩共同发明的那项，已经变得极其成功，在全球范围内用户已达数百万。如果你坚持学习并不断创造，你的产品最终一定会获得成功。所以，当市场的走势偏离的时候，不要停滞不前，保持创造就好。"

拉多的事例代表了人们"追求极致"的典型方式。他并非是在置身险境，但是当他看到机遇时，他想到了最大可能性的答案。比如说，当他最初搬去美国时，他对一系列咖啡店做了分析，他看到该体系的低效率，设计了一款一次性咖啡压榨机并申请了专利。正是这种大胆的想法，他得到了丰厚的回报。

拉多提醒说，这种回报需要付出的努力有时会让人感到沮丧。早期的成长是混乱无序的，并没有什么3年或5年计划，但是，我们可以采用结构性方法。这就涉及思想的转变，从自由到关于想法或机遇的结构性思考。正如拉多描述的那样，是时候

"摆脱你的牛仔裤和运动裤，穿起你的正装了"。

追求极致意味着接受新的想法，看清该想法蕴藏的最富有想象力和最极致的情形，然后使之便于执行。

让我们模拟一下，接下来你会以何种不同的方式思考你自己的机遇，并将自我发挥到极致。

行动一下：描述你的点金之术

读到这里，相信你已经根据前几章的内容深入挖掘了职场掘金的关键要素。

通过你的职场和生活，你学到什么呢？你擅长什么？你发现了自身哪些盲点？你是否开始重视和管理它们？

在斯瑞的例子中，他作为数字社会的一员，对于数字世界的发展有深入的理解，能够把所有与技术和数字相关的事物以意想不到的方式联系到一个广泛而忠诚的关系网之中。

基于你的深度自我审视，你会如何描述自己？现在，你能否描述出自己的点金之术？

　　就像我们在第二章里所讨论过的一样，你以一贯高水平的能力执行的以使你自己在市场中保持竞争力的活动是哪些？这些核心能力，将成为延伸你新领域的基石。深入钻研，保证这些能力是你持续建构的，是你自身能力和心态的特殊结合。

　　你的专长是什么？你如何最大限度利用自己的技术能力？你随着时间推移而累积的特殊技能是什么？它们是否为你迎接新的机遇做好了准备？举个例子。奥迪斯——一位在华尔街一家公司里负责会计申报工作的年轻的银行管理人员，发现自己陷入困境无路可走。我们花了很多时间去讨论为何他觉得自己陷入了当前的状况中。他是一位优秀的注册会计师，但他所交往的都是一些不想花时间在研读材料和申报工作上的混日子的同事，因此，他们不会给奥迪斯有效的支持以使他发挥自身的作用。我们告诉他，对自我核心资产的清晰核算是跳出困境的关键。随着他跳槽到加利福尼亚一家能源创业公司工作，他利用自己卓越的会计专业知识实现了新的行业转换。这是一位基于自身核心能力而实现了更有利于自身继续成长的职场和行业转移的人。

　　更有意思的是，促使奥迪斯搬到加利福尼亚去的另一个动力在于，他意识到，在许多方面，他的不开心是因为在纽约，大多数机构的工作环境过于严苛又无人情味。

　　那时，我要求他开始追求极致：他提炼了自己的能力，把通往目标的路径描绘到极致，不仅清晰地展示他该如何发展新的会计团队，并且识别需要他的技能的全部新行业，从而找到一个全新的去处。

　　过去，他找工作的经历就是找其他银行聊聊。但是，当他深入挖掘自身后，他转而关注纽约之外中等公司的工作岗位，它们对增强会计部门能力的管理者有明确的需求。

　　除了能力和心态之外，他也开始反思自己的热情所在。环境和可替代能源总会吸引他的注意力。即使他从未在这个领域工作过，他也选择孤注一掷。他研究该领域，找出了6个他想要进入的公司。最终，他辞职了，登上了去旧金山的飞机。在最初几个月的束手无策之后，他正式做出了改变。

释放你的新世界：抓住趋势，利用关系网

你记得通过分析自己想要扩展的新兴领域而设计出的"新世界"吗？

你已然是一只黑豹：追踪趋势以看清它们是如何形成的，专心聆听微弱的信号，把所有新知识聚合到新模式中看看会出现什么。

你的关系网络会为你提供许多见解，让你体验新世界是什么样子。你已经在新的领域内试验过，也把你自己置于新的虚拟情境之中，你可以更好地领会想要的目标领域并及时进行调整。

对于这些新出现的领域，你学到什么呢？如果它们从新兴变成常规会发生什么？假设无人机、自动驾驶汽车和神经控制系统合在一起会怎样呢？我们是否可以制作出既配备了能够理解人类思维的小型传感器系统，又可以自动驾驶的小型飞行汽车呢？

寻找方法与专业人士进行交流是你追求极致的一种方式，安心接受设计好的未来是另一种方式。即便没有条件这样做，也要使用社交平台（数字的和现实的）描绘出你在新世界的角色可能的样子，同时去进行实践。

此外，你还需要认清是什么构成了这个新世界里的公信度。花点时间，学习言行一致。简单来说，如果你打算尝试从当下不痛不痒的行业转换到能够真正激发你热情的行业，比如想从一个程序员跳槽去做基金经理，那么你肯定不能一边穿着条纹衫，一边与金融人士谈论股票期权。不那么极端的说法是，如果你正在创建一个数字化平台，你就要花点时间去学习编码基础。试着去理解那种能激发编码人士工作热情的心态，如此一来他们才会注重与你一同工作。要使你自己真正专注于该领域，理解那些领域里什么是重要的，去试验一下你是否有足够的兴趣和能力在该领域生存，并且把该领域的生活付诸实践。当然，要做就把它做大，不要半途而废。

你怎样给世界呈现全新的自己？

当我写这本书的时候，世界正变得更加数字化、网络化，更具关联性、共享性，更注重内在激励。价值估测通常是由理论性概念所推动的。当开发出像WhatsApp这种手机短信编辑类软件的新创立公司被Facebook以大约200亿美元收购时，它并不单单是由于技术先进，也是因为其足迹、忠诚度，以及融入Facebook其他平台的能力。这是对于传统4P市场营销理论（即产品、价格、促销和渠道）的转变。现在，渠道大幅虚拟化，这意味着可能处于任何人的掌控之中。产品并不仅仅是指当前产品，也指可能开发出的新品种。价格优势几乎不存在了，促销也是无足轻重——真正推动促销的，只是在关系网络中互相告知彼此的需求而已。

你会怎样实践这种变革的精神？你又会怎样将它做到极致以实现自己的变现目的？

举例来说，你想创新汽车内饰，因为目前汽车内饰非常陈旧，甚至在特斯拉这种车上都会看到老式的皮革内饰。你会做什么？你是否会出差去底特律看看，电动汽车制造商会利用空间和轻质材料来创造全新的内饰吗？你是否会上网看看同行采购网站，创建一支由材料工程师和其他相关专家组成的虚拟团队，并创立你自己的新公司？按照惯例，你必须设计、制造新产品，然后组织客户开研讨会（以获取大量反馈），最终与汽车合作商共同实现内饰的改良。

现在，让我们在脑海中重新回顾一下这一过程，深究细节，追求可变现的最佳方案。

如果你以不同的方式参与其中，那会怎样？如果你不只是设计内饰，还设计整辆新概念车，又会怎样？如果你可以使用3D打印材料来工作，而不是仅仅找产品制造商，那会如何？现在，如果你把包装连同替换材料一起邮寄给目标合作商，并且把3D打印的设计文件发送过去，又会如何？

这些都是获得关注的方法之一。

花点时间，将你自己置身于你迄今为止所设定的简单的故事框架之中。如表格6.1所示，像拉多一样描画出你的"点金之术"。也许你不能一次性填完，但你可能需要一直着力。你的目标需要反复申明，直到你了解什么样的路径适合你为止。

表格6.1　描述你的"点金之术"

你的"点金之术"	现状	极致的反面是什么?	你会怎样表现?
你有哪些优势、能力和知识?			
市场现状和趋势是什么?			
你的人脉圈子怎么样?			
产品和服务是什么?			
市场差异是什么?			
产品和服务如何进行营销?			
这些产品和服务如何抵达用户?			

行动一下：把大脑变成你的朋友

"极致"的远见要求你大胆思考。然而，我们经常在社会文化和个人经验的鼓动下，做着全然相反的事情。

现在，请你列举出5种关键的限制性因素，让我们放开它们，放开自我约束，朝着极致去想、去做。

击破"冒充者综合征"

在20世纪70年代后期至80年代，由保琳·克朗斯博士和苏珊·艾姆斯所带领的一系列研究工作创造出了一个术语，为很多天才的人们提供了描述他们内心的一种方式——冒充者综合征。它描绘了人们心虚的感觉——即成为骗子的感觉，令人惊讶的是，很多人都在与此做着斗争。之所以令人惊讶，是因为在大多数情况下，我们所谈论的都是高成就者。然而，他们不仅感觉自己是骗子，还担心自己会被识破，害怕即便是确凿无疑的成功也会受到质疑——它就那么发生了，运气而已！克朗斯和艾姆斯还发现，这点在女性高成就者之中贻害颇深，波及尤广。

当你计划朝极致去做的时候，你必须要保证已经剔除了自身的"冒充者综合征"，或者已控制好了它。你在深入挖掘自身潜能的练习中，可能已经发现，对于自身的成就，他人是认可的，你也可以列举你的成绩，保存好你收到的任何关于成绩的积极反馈，回顾并重温那些瞬间。找到标志性的符号——一块儿时的奖牌，一件你做的艺术品，或者你的孩子所送的母亲节或父亲节贺卡，它们能突出你自己的真正身份，而非内心消极的声音。

1. 以后不如眼前

拖延根源于各种原因：你可能没有精力，你可能找了包括准备不足的借口，或者你可能被眼前的琐事牵绊而无暇顾及大事。

请记住，你值得拥有更广阔的未来。寻找一种方式去安排每天或每周的工作，从紧急到非紧急，从重要到不重要，别给自己的拖延寻找借口。

给你自己预留充足的时间，让自己现在就安排工作，而不是推迟到以后。

2. 缺憾即是美妙

你听过80/20定律对吧？那就把它内化于心，你不必完美到100%。

让我们大胆想象，80/20定律表明，对于许多事情和现象，80%的结果是由20%的原因和因素所导致的。这是帕累托法则的一种表述，由意大利经济学研究者维尔弗雷多·帕累托命名的。帕累托揭示了土地所有权一般掌握在20%的人手中，至少在19世纪90年代的意大利情况如此。令人惊讶的是，这种经济学现象来自他对自然的观察——他种在园子里的20%的豌豆荚结出了80%的豌豆粒。

为何这对你而言十分重要呢？你只要记住，你不必限制自己，你也不想用所有精力或者花所有时间去完美地做事。用80/20定律去释放你的想象力吧！

3. 没有什么可怕的，除了害怕本身

你不需要让每个人都喜欢、支持或者理解你的想法，你自然也不需要担心别人对你有不好的评价。可能有小部分人的观点对你而言很重要，那就去听听他们的。但是，不要给自己设限，坚持自己的想法，保护它们，不要去管这个广泛的社会如何评价

你。评价会自然而来，你不能控制它，所以你甚至都不需要开始为它担心。

怎样与自己交流才是重要的

在20世纪70年代，心理学家理查德·邦德勒和语言学家约翰·格林德创造了神经语言程序学（NLP），其中，他们宣称大脑与语言的相互作用会影响我们的身体和行为。科学研究因此对NLP的驱动因素提出了质疑。尽管邦德勒和格林德认为可以将成功人士的精神和语言行为移植到那些不太成功的人身上的理念被提出挑战，但仍有许多方式去构建你自己的内在交流，这是一种积极迈向极致的力量。

你可以给自己精神暗示，使之向好的方向前进，正如精神病学家阿隆·贝克所提出的认知疗法模型。他也证明了，思想、感觉和行为都是相连的，个人可以通过认识和改变不准确的想法、有问题的行为、不安的情感去解决困难，实现自我突破。

与你的朋友或顾问一起行动，看看你是否能够把那种感觉撇开。当你内心的声音在说"我不能"的时候，请停下，做个深呼吸，然后彻底想想"如果当……的时候，我可以……"

现在，是时候行动起来了！

一旦你完成了上述所有的项目，你就可以开始搜寻你的目标了。假设你已得到了一份新工作，那么在新的岗位上工作一周会是什么样子呢？想想你的工作日常，想想你的生活，它们会变成什么样子，你是否还喜欢它？如果你想要快速做事，那可能新创公司很适合你；如果你是一个思想深刻的人，那可能你应该给学术界或者谷歌这种地方一次机会。

最后一步是"从中经历"。回到你的关系网中，见见行业人士，搜集更多信息。不要仅仅要求他们告诉你这些，可以邀请他们带你经历一下，如此一来你能掌握更多的东西。在你实际开始在某行业找工作之前，先在该行业了解一下。拿我们之前的例子来说，如果你对于设计新的内饰感兴趣，先寻找到你关系圈内5位顶级的行业专家，跟他们进行交流，与他们共进午餐，问问是什么使得他们一直奋斗到深夜。通过这种方法，你可以真正检验并准备好以更有意义的方式去经历和感受你的新领域。

CHAPTER 7
万事俱备，职场变现还难吗？开始行动吧！

实现个人价值的爆发吧，你是最好的自己！将自己的潜力100%发挥，机遇和财富会自动找到你。

这是本书的秘诀所在。它不是鼓励你在准备好之前就去行动，也不是提倡快速地颠覆自己。注意！我没有让你放弃寻找新的职业，以重塑自己的未来，我只是建议你提前规划好职业生涯，做好准备再行动。我上述的精进法则可以帮助你提升应变能力，并潜在地提高自身吸引力，增加变现的成功率，无论对于你当前的职业还是未来的发展都是如此。

我有幸见过职业重塑方面的大师——塞巴斯蒂安·索伦，一位创新者、企业家、教育家和计算机科学家。他是第一位因深刻的情感事件激励而创造出一种新的驾驶方式的人。那次，他的一个朋友死于一场本可避免的交通事故。一想到如果不是因为驾驶失误，他的朋友本可以活下来时，他的思维就乱了。从那时起，他就开始设想无人驾驶的安全汽车。这并不是简单地增加安全气囊，而是要彻底重新定义交通模式。几年后，他与Google的创始人谈论了他的设想，并在Google创建了相关项目研究小组，使得

Google成为首批更新驾驶体验的非机动车公司之一。自从无人驾驶项目受众人瞩目之后，他又转变了个人的领域，进入了教育行业。我们可以认为，时下流行的线上课程（MOOC）的教育模式便是起源自塞巴斯蒂安，他把斯坦福大学的课程放到网上，一周之内获得了14000个注册量。这一想法的种子，现在为他开出了教育创业之花，即优达学城（Udacity），一所在线的"硅谷大学"。

　　塞巴斯蒂安既掌握着硬技术——工程学，又拥有软技巧——懂得营销、设计和管理，这是他成功的因素之一。他打算通过流畅的学科整合来转换对教育的一贯思路。当他想到一种方案时，他能够利用自己的专业技术毫不费力地去完成。他果断迎接了挑战，去追求极致。当他把这个想法告诉拉里·佩奇时，他说可能要花费10年时间去实现，而拉里建议他在3年内完成。18个月后，在线教育的原型诞生了，现在线上教育的技术飞速发展，规模不断扩大。如果你跟塞巴斯蒂安待一个下午，你会发现他实践了所有大脑中的理念，他总在关注所有的可能性，一旦有好的想法出现，体内的工程师DNA就会活跃起来，然后实现个人事业的重大飞跃。

读到这里，你应该已经明白，为个人的骤变做好准备是值得的。在开始飞跃之前，让我们先做一些实际的考量，深入思考你的个人骤变，让我们确信你已为应该准备的事项列下了清单。

就让我们从考虑应为职业骤变做出什么准备开始吧！

有时候，骤变的迹象像巨大的霓虹灯招牌一样喷射出强光，我们能感知到骤变即将来临。有一次，在通过LinkedIn账号联系某家公司的多个职员时，我明显感觉到这家公司要开始裁员，职员们正通过潜在的职场支持者争夺新的岗位。你可能也在行业里见过这样的现象，在行业快速衰落，公司一拨接一拨地裁人之前。我曾在一份很喜欢的工作岗位上待了很久，后来我关注到，行业内顶尖的战略家们不再对公司抱有好感，并且很明显与未来的运营方向有关。我知道我需要做出改变，即便那时的我仍然热爱公司和所创造的产品！

可能在有些情况下，你会看到自己的角色日渐式微，比如曾经由你做的决定现在由别人做了，或者当你不再被视作不可或缺时，又或者，就像前面的例子所说，可能你的朋友和同事都在主动离去。有时候，尽管你感觉自身安然无恙，也要想想，是否有迹象表明，你的技能或思维模式即将过时。这些都是不能忽视的细节。

另外一些迹象更加微小。你感觉到自己正慢慢被忽略，不管是因为同事的升迁而形成的新的办公室关系，还是当有"油水"的项目被分给了其他"高潜力"的人。你感觉自己评价工作环境的方式与你的公司和行业评价的方式有明显的差异，比如说，一名会计师认为自己不认可银行业的基本行业规则。

此外，也会有强烈的信号散发出来。比如，你多年以来都没能在周日晚上睡个好觉，因为你无法坦然接受第二天早上就要去上班的事实。你也可能关注自己30多岁的时候，认为自己过得太舒服了，没遇到什么挑战，学习能力也大幅下降。你可以做你老板在做的工作，但你看不到自己能快速坐上那个位置的任何迹象。更糟糕的是，你看到别的公司里和你经验相仿、职位相当的人每天都在学习提升。你有稳定的工作，也能自主决断，你会怎样提高要求，促使自己进步呢？

最后一种情况是比较难应付的。你该如何向朋友和家人解释，你准备踏上个人职业的精进之路，因为现在过得太舒服了吗？不，你只要这么说就行了："我知道我可以做得更多。"

某一天你醒来后，觉得自己不太喜欢当前的处境：你必须传递的目标、你的团队、你的老板、公司的愿景。实际上，当你不喜欢某件事了，情况就更简单了。如果你只是冷漠或没有激情会怎样？我知道当我开始找工作的那天，我在银行的工作就已经结束了。当时，我的一位内部客户过来问我："那么，鲁帕，你觉得你的工作怎么样？"我回答说："嘿，它只是一份工作而已。"

一定要试验一下这些策略，确保你所从事的工作大体上不会形成短期的阻碍。

如果你正渐渐被忽略，你可以反思一下，你是否具备对组织而言仍有吸引力的特殊能力？你可曾抓住机会与有重大影响力的人谈论过，表明你已准备好，有意愿、有能力去做事情？

调查一下：从长远视角来看

确保你在朝着某件事情努力，而不只是远离某些东西。当你并不计较一次不愉快的经历，也没有被沉重的压力压垮时，精进法则是最有效率和激励作用的变现途径。另外，促使改变发生是一项艰苦的工作，也需要承担责任。如果你面临一项暂时的任务，或处于一种能够简单应付的状况中，你可能会失去动力。最佳的变革建立在信念的基础之上。

下面是一些快速检验问题，它们能帮你确认自己是否面临可解决的问题。

它是关于钱财吗？

试玩一下这个游戏。如果管理部或者老板现在过来告诉你说，从今天开始你要将销售额提升10%，那会怎样？你会足够兴奋地接下工作吗？如果答案是肯定的，那就开始想办法去寻求积极提升，为业务贡献出漂亮的数据。

是否一份证书或一项特殊技能能使你当前的处境变得更有吸引力，或者能为你的快速提升增添砝码呢？

拿出笔记本，开始列举你的证书和技能。现在，指出你将如何在网上获得这些信息，公司会提供怎样的培训，以及你在哪里可以获得在职培训和这些技能的历练。现在也许是你需要潜下心来提升技能的时候，而不是寻求逃避。

这只是关于一个特殊项目还是关系到一组项目？

尽管它看起来没有尽头，你能否将项目转移或者理性地为项目的结束做好规划呢？

这只是关系到一位同事还是关系到几位同事？或者他们似乎并不合适？

你能否找出这些人在公司里扮演的角色？你能否发现这些人的其他角色？

这是否关系到那些不知道你有雄心壮志的领导？

女性常常会面临许多这种问题。你得不到反馈，你的学习效率也已经降低，你知道自己应该提升技能——包括技术、管理或者两者都要。积极主动一点，去要求承担新项目，分享你的志向，寻找导师领导你融入公司，以及报名参加训练项目等。

现在你已经完成了测验，你是否觉得它比测验本身所表明的东西更加长远和深刻呢？如果你认同，那就太好了——是时候开启你的掘金之路了！一旦你验证过并确定这不是一个短期的项目，你就需要行动起来。

按照书中的方式去做，现在你已经受到鼓舞，意识到你的新领域是什么，你设定好了模型，并开始迈出变现的步伐。那么，现在该做什么呢？

在创新经济中，这不再是你一旦准备跳槽就开始发简历的问题了，而是需要你累积力量以抓住下次良好的机遇。这是一种不同的市场策略，它还在不断发展。此外，它也不仅是编写简历，而是给别人讲故事，并且确保正确的人会听到。人们给工作带来的价值是他们的经验、能力、人脉、社交媒体，甚至是他们的社会生活。你要与他们保持联系，让他们随时整装待发，以此他们自然能准备好迎接后面的挑战。

让我们讨论一下你将如何构思你的故事，这样在需要的时候你就能展示它。同时，我们也来讨论一下，怎样将每次你讲述的故事转变以正确的方式传达给合适的听众。

我们要讨论的事情不只是为了开始准备跳槽，而且是为了让你的理想变现，到达自己创设的新目标所做的准备。

2003年，迈克尔·沃特金斯在他的《最初的90天》里第一次写到了如何成功过渡到新的工作岗位上。他通过研究，为进入新工作的最初阶段该怎样表现介绍了一种系统性的方法。实质上，在进入新的工作后，你有90天的时间来证明你对公司的价值。在此约束条件下，时间非常重要。认清领导者的到来所形成的影响，确保你为这种改变做好了准备。当你达成了你为这90天所设的清晰的变革目标时，你就可以与别人交流并进行经验推广。

亲自讲述自己的故事

不管你是主动摆脱之前的状况，还是亲自构思你的新阶段，或者是被动离职，成功都取决于你自己的掌控。不要捏造自己的故事，要展示实际情况，然后与周围的人一起做正确的事情。阐明你所做的决定和你的工作成绩，主动讲述自己的故事。

你职场轨迹中的每一个要素都是你故事情节的一部分。你的决定是在某一背景下做出的，帮助别人理解这种背景是突出你的价值的最好方式。

当你准备换工作时，记住你在许多方面都将处于销售模式。相比于一种产品或服务，你所销售的是自己的想法。你的未来投资者、客户和老板不是在购买一个大的公司品牌，他们需要了解你：你代表的是什么、你的价值观以及你的信仰。他们想知道的是，他们是否可以跟你共同经营业务。确保你要为自己在所有网络空间上的故事和话语负责，这种做法可能是卓越和混乱之间的差异所在。

就像在现实生活中一样，积极的关系网络建设是构建个人核心业务品牌的关键策略。它意味着提升你自己，像在现实生活中一样去实施行动，而且在某些情况下，推动你去采取额外的措施。

在我们中间，有很多喜欢社交的外向型的人，他们在遇到新朋友以及和老朋友共事时都会感到兴奋。对于那些不太喜欢交际的人而言，你会发现为自己设立特殊目标去建立人脉会使你更受激励。

把你所有的线上平台——你的个人主页、博客、LinkedIn、Facebook、Twitter、微博账号，当作建立人脉圈子的工具。在每个平台上，你需要展示出一种颇有魅力的个人性格，倾听那些在每个平台都与你有过交流的人，并积极给予回应。另外，你不必所有都做！找到在你的行业、工作和生活中对你来说最有帮助的人即可。

确立并展示一贯而真实的网络个性，意味着什么呢？

一开始，要知道你希望代表什么。在我的经历中，当我在拓展个人品牌时，我打算好好考虑一下创新、领导力、策略和商业文化。作为一名培训师，我的工作也是帮助我的客户自己找到答案，而不仅仅是直接告诉他们。我的咨询经历有赖于我对所有这些组织驱动力的细致入微的理解。除此之外，我的现实生活和网络特性也互相融合，我想变得对人有益并周到体贴。于是，我努力工作以使我的网络话语个性化，我的方法是：就我见过的有趣现象提出引人深思的问题，或者分享有用的文章，而且我总会指出是谁第一个使它引起人们的关注的。花点时间去看看我的博客或Twitter简讯，你就会明白我的意思了。

同样也要承认的是，这种努力需要花点时间，也要不断训练。在斯瑞·斯瑞尼瓦桑的例子中，这意味着对一系列工具的策略性使用。例如在微博上，如何用140个字去真实地表述你的最佳想法并不是一个小任务。如果可以，试着安排一个固定的时间，甚至每天早上先挪出30分钟，来编制能自动传播一整天的简讯，让你的想法在工作日里合适的时间内被你的关系圈中的朋友看到。

　　抓住机会进行实验，有许多免费平台可以为你所用。为你的业务找到合适的客户群组，并找出他们的关注点所在。举例说，如果它是关于思想性的，那就整理一下LinkedIn账号里的资源，加入合适的群组，在那里你专业性的想法能被看到和认可。关注一下别人对你的工作的接受情况，然后改进一下你对平台的使用方法，把你最佳的个性和价值体现在上面。

　　现在，开始采取下一步重要措施：让你在真实世界和在虚拟世界里的角色互相碰撞。在日常生活和重要活动中去发现那些你在网络上看到的人们。与他们交往，关注他们，并支持他们。然后把你在网络上形成的见解应用于现实生活中。

　　但是要永远记住，网络平台不只是广播平台，他们也是倾听的站点。你可以拓展开去，多听听那些对你有所帮助和与你相关的话题。斯瑞建议人们要像关注偶像那样关注粉丝，尽管他们的信息少之又少。最后，是谁在社交媒体上关注你并不重要，重要的是那些关注着你的关注者的人。你应该去找出并联系上在你领域内有影响力的人。

以下是你可以采取的一些具体做法：

· 识别你的品牌驱动力：你在做什么，以及你想代表什么？

· 认清你的话语权：要明确你想在网上塑造怎样的形象，是体贴周到、傲慢无礼、积极主动，还是乐于助人的？是哪种并不要紧，但它应该是你的为人或者你自认为品牌该有的真实的样子。

· 明确自己的目标：你是要销售，还是要影响力？两者都很重要，但是后者才是品牌打造，前者不是。

· 在平台上进行实验：测试一下平台的作用，看看什么适合你的目标客户和你想影响的人。

· 选择一些能使你的工作更轻松的有偿服务工具（这取决于你的预算）。

· 记住，这关系到许多平台。网络的东西是不断变化的，你不应该只依赖一个平台。更重要的是，每个平台都有其优势，所以你要确保好好使用它们。

· 开心一点。看看斯瑞的社交媒体成功法则，它会给你一些引导。

@Sree，斯瑞的社交媒体成功法则

你在微博和IFacebook等发布的内容应该尽可能多地具有以下特性：

· 有益的
· 有用的
· 及时的
· 相关的
· 实用的
· 可执行的
· 内容丰富的
· 可信的
· 简洁的
· 轻松娱乐的
· 有趣味，甚至偶尔荒诞滑稽的！

设计你的下一个角色

当然，有许多工作岗位经实践证明是可取代的，比如说人力资源经理。但实际上，成为何种类型的人力资源经理取决于你如何看待目标。你可以采取传统的方式按照当前的流程办事，或者你也可以利用社交媒体和数据的力量去实施你们团队制定的策略。很少有人力资源团队和公司会真正去挖掘员工的领导和管理

能力。公司会使用一套科学的审核收益和产品成本的系统。SAP
（系统、应用、产品）和多种ERP（企业资源计划）系统可以准
确地告诉你在最终生产的小汽车、耳机或葡萄果冻罐上面耗费了
多少材料和人力。在产品制作和服务提供过程中所体现的管理质
量如何呢？有大量信息足以表明到底是什么产生了优良的管理和
伟大的团队。

　　通常，不需太多时间就能识别出组织内的模范员工和管理
者，但我们很少采取数据方法去理解和评估。我们已经知道关键
的驱动因素了。举例说，1998年，鲁奇、柯恩和奎因对西尔斯公
司实施的研究中，他们发现："当员工满意度提升5%的时候，
客户满意度会提升1.3%，这样会带来0.05%的收益提升。"当时西
尔斯公司的年收入达到500亿美元，员工满意度的提升带来了2.5
亿美元的额外销售收入。2014年，詹姆斯·哈特尔和兰德尔·贝
克所做的一项研究显示，与管理者相关的四项人员管理实践——
即对参与导向的管理者的选择、管理者的招聘能力、对团队优势
的反馈，以及对人员管理的兴趣，这些能够为团队带来59%的收

入提升，对公司也一样。

对于每位员工来说，知道相对于那些高影响力的人们而言自己处于何种位置，难道不是很管用吗？你会改变自己的发展模式吗？你会让自己做好准备以发展得更远更快吗？

记得给自己命名

人们喜欢将同类型的人归为一体，而你的职责在于对你自己进行重新定义和重新命名，确保你开始以一种并不普通的方式来对你的工作性质和内容进行描述。那些按照我刚才描述的方式而工作的人事专员其实更应该叫作人事战略家、人员管理工作者，或者叫人才管理领袖。

不要变成一个极端的强硬派了，这与可爱伶俐或忸怩作态无关。它是说帮助别人超越常规。随着商业和技术的不断碰撞，工作岗位和角色的实际情形比招聘启事所体现出的内容变化发展得更快。当我在校读书时，还没有首席创新官这种概念，甚至在研发之外的创新项目也都没有，而现在，一些有自我发展意愿的公司都有创新团队。当你回顾自己怎样实施影响时，要用解释你自己和你想传递的结果的方式来加以说明。

不要仅仅把它扔在一边，而要结合具体背景来理解。如果你是一位创新领导者，你要解释一下你所定的目标将怎样推动产品创新、团队合作或者商业模式的改变。如果你关注社会参与这块，要保证你把它和你想要促成的商业结果联系在一起。

我最喜爱的头衔是瓦苏马蒂·桑德拉拉简所创造的，当时她离开奥斯卡·德·拉·伦娜去创办男士内衣品牌Ken Wroy，同时她也创造了一个全新的头衔——首席内衣师！

我希望在未来看到什么样的头衔呢？虚拟现实通信领导人？协作式意见主导？还是当社交媒体、市场营销、实时信息交流和销售真正产生碰撞的时候，成为一名首席参与官？

提前盘算

你应该采取的实用措施之一是制订财务计划。不管你是在准备换工作、考虑升迁、从头再来还是想成为创业者，你都应该用知识全副武装自己快速上路。虽然你在关注着令人兴奋的新机遇，但你也要与财务专家一起工作，或者用你的笔和记事本记录，确保你知道以下这些：

你的公司业务会缩小还是扩大？换句话说，随着变化的发生，你是否需要降低成本费用？

你是否有足够的资金去应对过渡期？根据变化的程度，确保你有可以支撑6到18个月花费的资金储备。

如果你没有资金储备，你是否拥有能帮上忙的关系网？

近期，你是否还有额外的花费？

你是否需要搬迁？那是不是意味着卖掉原来的地方？

你的家庭是否提前计划一旦资金链断裂需要面对何种状况？

确保你知道自己接下来的举措会带来何种影响。不要望而却步，只需做好准备即可。

我还记得自己在2008年第一次为我的咨询业务做商务规划时的情况。我首先做了研究，记录了我所认为的理想客户（他们的反馈帮我形成了自己的咨询课程），也确立了自己的优势和差距。到2011年的时候，我开始对自己的能力很有信心，想做一次大的飞跃。我需要确保我能够偿还抵押贷款并为学院筹集资金。做财务计划能帮我果断采取措施，同时也能将整个家庭团结为一体。

果断跳槽

请记住，你永远都不可能准备好应对职场骤变所需要的所有的事情。

援引瓦苏马蒂·桑德拉拉简的例子，也就是我前面提到的那位"首席内衣官"。在瓦苏马蒂的例子中，开创自主品牌的跳跃式做法是由一系列事件所推动的。她一直都很具有艺术气息，也喜欢用自己的双手制作东西。她毕业后接触了一些圈子内的朋友，想看看有没有与设计相关的工作机会。但是，她来自一个学者和工程师的家庭，商业对她来说好像太过遥远。结果，她没有从事她最爱的工作，而是选择了一个她感觉能胜任的领域：新闻工作。

几年后，她发现自己成了一位不错的电视制片人，当然了，在某种程度上来说，她并不太喜欢这份职业。她将自身对流行文化的热情投入新闻写作和制作都市时尚电影之中。那是反应和验证现实的时候，尽管是绝佳的娱乐方式，但她还是感到空虚。

瓦苏马蒂确信自己会有更好的去处，她计划去追求极致。她去了纽约，打算继续攻读设计学。她试了两次，然后去了纽约时尚技术学院，在那里她选择再次突破自己。尽管她每学期只需完成12个学分，但她却每次都完成了21个学分。她的设计直觉告诉她要关注男装，于是她额外选修了每周末的男装课程。她还学习了渐趋失传的手工刺绣技术，获得了时装设计的证书。

　　瓦苏马蒂有过一次难以置信的意外发现。她在蒂姆身上找到了灵感，他最后也成了她的丈夫。她是在班加罗尔的法语协会上见到这位年轻的法国学者的，他对于搬到世界上任何地方去生活都持开放的态度这一点是打动她的关键因素。当她面对新闻职业生涯带来的空虚感时，她就更多地投入之前的爱好之中——设计。蒂姆是一个好参谋，更重要的是，当她在做一系列设计行业内普遍的无偿实习工作时，她开始有了一位志同道合的搭档了。她借助自己的思考，进而关注男士们对购物乐趣的无感。蒂姆会在许多方面鼓励她，包括让她去细查他单调乏味的衣柜，然后他再重新整理，而且他还会与自己圈子中的朋友交流，以试验一下她的新想法。最后，尽管瓦苏马蒂一直对她周围小商贩的商业模式感兴趣——包括三明治货摊和家庭女仆等，但她还是对数字计算有些害怕。在蒂姆身上，她发现了很多自己身上没有的技能。

　　瓦苏马蒂以一种不同的方式追求极致——她从小处着力。相比于全面关注男装，她更感兴趣与她的女性朋友们笑谈着约会的衣着整洁的华尔街男士们，但他们都穿着极其无聊的男士内裤。她决定去做小的方面，关注男士内裤。她手工制作了第一款样品，先后在小组和零售店进行测试。结果，她大受欢迎，她知道自己抓住了通向成功的关键。

当她建立好了完整的产品线，在当地找到了生产合作商时，她果断跳槽了。离开奥斯卡·德·拉·伦娜和凯瑟琳·马拉德里诺工作室的决定很容易，不仅是因为她找到了自己的灵感和激情，而且因为她清晰地知道高端设计并不是她想做的。所有这些使得她开始关注商业动态，基于此，她创立了自己的代表品牌Ken Wroy。

瓦苏马蒂说，每天结束的时候她都会抛开一切行业新闻或商务交流。她更希望关注自己所感兴趣的和能帮自己学到新东西的事情，她也更想与比她更强大的人产生关联。她的爱好之一是看动物纪录片，这曾经使她设计出了最畅销的作品之一。她的长颈鹿内裤设计真实反映了长颈鹿的状态，也是对她所崇拜的大师亚历山大·麦昆进行致敬。她陶醉于自己的设计，听她在专业场合下谈论长颈鹿设计的个中趣事，本身就是一件乐事。她本就是一位将乐趣融入工作中的人！

事实上，跳槽是不容易的。你会面对许多不熟悉的领域：你没有预料到的责任，说着不同话语的人们，只有靠网络搜索才能查到的术语，以及毫无头绪的技术，等等！

但是，这并不意味着你需要等待时机才能变得完美。你最好的选择是拥抱不确定性，在精进之路上一步步走起来。

记住你自身蕴含的价值：你的技能、才干，以及你需要避免的黑洞。

使用当前的关系网去为变革做准备，同时持续不断地构建更强大的关系网，它会助你完成职业转变。

不断颠覆自己。记住，就像许多创业公司一样，你也许不能完美表现，但是比起你在前进的过程中选择逃避、退缩，你的坚持将会给自己和身边人带来更多的回报，并留下更深刻的印象。

管理好自己。不用说，在实现理想的道路上你必定会感觉不安，那是正常的。但是，如果你满怀信心，带着积极主动的心态不懈追求最终的目标，你终将获得最后的成功，甚至这一过程比你预想的还要快。

不断重复。精进之路听起来像是一劳永逸，但事实绝非如此。请记住，它其实是要构建一种持续学习的心态。关注技能的习得和提高，关注那些能帮你实现职业转变的人或组织，持续追踪趋势，最重要的是，关注下一次飞跃——它关系到如何将变现迈向极致！转变的过程从不停歇，就把它当作一种你热爱的游戏吧。

后 记

驱使我写这本书的动力来自我的同事和客户，在与他们的讨论和交流之中，我深深感受到他们挣扎于自己的角色限制和职业前景的停滞，他们为了实现企业的目标付出了多年贡献，但是回过头来看自己的时候，却发现已被时代远远地抛在了后面。这本书也是为了表达对于无畏的企业家、投资者的一种敬意，感谢他们为了履行自己的承诺，付出了大量的精力和金钱。

每个人都有各自的发展路径，通过个人的转变和机遇，大家都会受到激励。这是一段有趣的旅程。转变使我们停了下来，但同时也给我们提供了转向新的成功道路的动力。我希望你在追逐梦想的过程中，利用好5项精进法则，通过可实现的路径，将你的理想变成现实。

我希望你能够真正参与本书所述的练习之中，这是我最大的愿望。

访问www.TheCareerCatapult.com网站，点击主页上
"Worksheets（工作表）"按键，即可下载所有相关工作表。还
等什么，快行动起来吧!

图书在版编目（CIP）数据

变现：职场掘金的精进之路 /（美）鲁帕·乌妮克里什楠著；郑纪愿译.
—南昌：百花洲文艺出版社，2018.11
ISBN 978-7-5500-3044-2

Ⅰ.①变… Ⅱ.①鲁… ②郑… Ⅲ.①成功心理
Ⅳ.①B848.4

中国版本图书馆CIP数据核字（2018）第230952号
江西省版权局著作权合同登记号：14-2018-0076

The Career Catapult © 2017 by Roopa Unnikrishnan. Original English language edition published by The Career Press,Inc.,12 Parish Drive,Wayne,NJ07470,USA. All rights reserved.

变现：职场掘金的精进之路

〔美〕鲁帕·乌妮克里什楠（Roopa Unnikrishnan）　著　郑纪愿 译

责任编辑	程　玥	
特约编辑	袁　蓉　叶　姗	
出版发行	百花洲文艺出版社	
社　　址	南昌市红谷滩新区世贸路 898 号博能中心一期 A 座 20 楼	
邮　　编	330038	
经　　销	全国新华书店	
印　　刷	北京时捷印刷有限公司	
开　　本	880mm×1230mm　1/32	
印　　张	6.5	
版　　次	2018年11月第1版第1次印刷	
字　　数	93千字	
书　　号	ISBN 978-7-5500-3044-2	
定　　价	39.80元	

赣版权登字　05-2018-419
版权所有，侵权必究
发 行 电 话　0791-86895108
网　　址　http://www.bhzwy.com
图书若有印装错误，影响阅读，可向承印厂联系调换